HANDBOOK OF OLIVE

育てて楽しむ

オリーブ

栽培・利用加工

Shibata Hideaki

柴田 英明 編

創森社

Olive

オリーブ栽培の価値と有用性～序に代えて～

オリーブは、ジャスミンやキンモクセイ、ライラックなどと同じモクセイ科の常緑樹です。日照量の多い温暖な気候を好みますが、わりあいに耐寒性もあり、条件の整備しだいでは西日本、東日本、北日本の各地で栽培できます。

オリーブの起源は小アジアとされますが、生長が早く生命力が強いことから、ヨーロッパでは「生命の樹」として尊ばれます。栽培が盛んな地中海沿岸諸国では果実を塩蔵したり、オリーブオイルを採ったりし、もっとも重要な作物の一つにしています。

枝葉は年間を通じて生長し続け、初夏には乳白色の小花をつけます。枝葉は国連旗を飾る平和のシンボルで、花言葉は「平和、希望、知恵」です。秋には小さな緑色の果実をつけ、やがて緑黄色、赤紫色、黒紫色へと変化しながら完熟していきます。葉は表面が光沢のある濃緑色、裏面が短い毛（毛茸《もうじ》）が密生する銀白色。風にそよぐと、きらきらと美しく反射します。

もともとオリーブは果実、枝葉ともに多くの魅力をもっています。育てる楽しみに加え、愛でる楽しみ、収穫する楽しみ、さらに漬けたりオイルを採ったりしてヘルシー食材として味わう楽しみまであります。オリーブ愛好家が急増しているゆえんともいえましょう。

本書は庭先や園地などでオリーブの地植え、鉢・コンテナ植えを手がけようとする方々を対象に、関係各位のお力添えをいただきながら編纂し、まとめたものです。読者のみなさんのお役にたつことを願ってやみません。

2016年　オリーブの果実肥大期の盛暑に

編者　柴田　英明

〈育てて楽しむ〉オリーブ　栽培・利用加工◎CONTENTS

第4章 オリーブの利用加工と食べ方　87

◆本書の栽培は西日本、東日本の平野部を基準にしています。生育は地域、品種、気候、栽培法によって違ってきます。

Olive

第１章

オリーブの魅力と生態・種類

果実は熟すにしたがい、赤紫色から黒紫色へと変化

果樹としてのオリーブの特徴

植物学的分類

オリーブはモクセイ科（*Oleaceae*）オリーブ（*Olea*）属に属している常緑性の喬木《きょうぼく》です。モクセイ科にはライラックやジャスミン、日本にも自生するイボタノキ、ネズミモチなどがあります。

オリーブ属には12種4変種があり、地中海沿岸やアフリカ北部・東部・南部、インドなどに野生種が分布しています。オリーブ（学名：*Olea euopaea*）は4変種に区分され、野生種と栽培種があります。

クレタ島（ギリシャ）にある古木。ちなみに2004年のアテネオリンピックなどでは、マラソン勝者にオリーブの枝葉でつくった冠が与えられている

栽培の起源と発展

5000〜6000年前、野生種のオリーブが栽培されるようになり、現在の栽培種の起源となりました。

オリーブ栽培の起源は、小アジア（アジアの西端。黒海、エーゲ海、地中海にはさまれた地域）説が有力とされています。

南コーカサス山脈、イラン高原、シリアやパレスチナ周辺の地中海沿岸部地域などから栽培が広がり、キプロス島からトルコ方面へ、またクレタ島からエジプト方面へと、地中海の南北沿岸に広がっていったと考えられています。

紀元前16世紀、フェニキア人はギリシャの島しょ部地域でオリーブ栽培の普及をはじめ、紀元前14〜12世紀には、ギリシャ本土でもオリーブ栽培を開始しました。紀元前4世紀頃にはギリシャではオリーブ栽培が普及し、重要な産業となりました。

紀元前6世紀頃から、オリーブ栽培は北アフリカ中央部にまで広がりました。さらに、リビアやチュニジアからイタリアのシチリア島に渡り、南イタリアに上陸してイタリア全土へと広がっていきました。のちにローマ共和国（帝国）支配地域においてオリーブ栽培がおこなわれ、

肥大した果実（完熟する前のグリーンオリーブ）

初夏に乳白色の小花をつける

オリーブ産地では、10～12月に果実を収穫、集荷（JA香川県）

グリーンオリーブの新漬け

みずから搾油したエキストラバージン・オリーブオイル

地中海沿岸の国々へと栽培が広がっていきました。

スペインでは、紀元前10世紀にフェニキア人によってオリーブ栽培が導入されました。

コロンブスがアメリカ大陸へ到達すると、オリーブ栽培も地中海地域から外に広がりました。西インド諸島を経由してアメリカ大陸へ到達し、１５６０年頃にはメキシコで栽培され、そのあと南北アメリカでも栽培されるようになりました。

現在では中国、オーストラリア、南アフリカ、日本などでも経済栽培がおこなわれています。

果樹としての魅力

オリーブは樹、枝葉、果実ともに多くの魅力をもっています。

オリーブ樹が、数本でも庭先や園地など身近にあることで、手をかけて育てる楽しみや葉、花、果実などを観賞して愛でる楽しみ、さらに果実を加工したりオリーブオイルを搾油したりして味わう楽しみまであるのです。

オリーブの芽、花の形状と特徴

芽の種類と形成時期

位置による芽の種類

幹や茎の先端にできる頂芽《ちょうが》は、大部分が葉芽《はめ》（葉や枝が出る芽。「ようが」ともいう）になります。

一方、葉腋（葉のつけね部分）に中間芽として形成される腋芽《えきが》（側《そく》芽《が》）は、ほとんどが花芽《はなめ》（生長して花になる芽。「かが」ともいう）になり、一部は葉芽となるか脱落します（**図1**）。

図1　花芽と葉芽

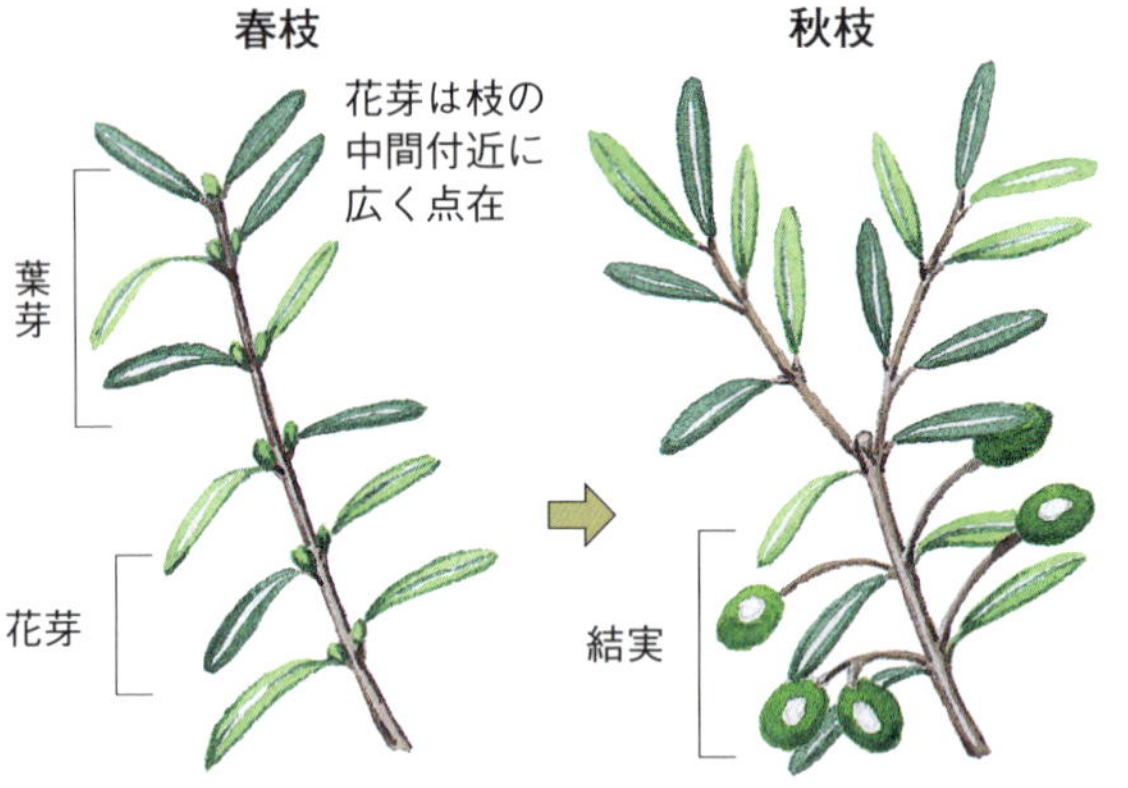

花芽の形成と開花の時期

春から夏にかけて伸長した枝の葉腋についた腋芽は、12月頃から生理的に分化をはじめ、翌年の3月下旬に花芽か葉芽に分化します。

4月中下旬以降に萌芽し、どちらの芽か識別できるようになります。以後、花芽は急速に花器（花を形づくる各部分）を形成し、5月中旬には花器を完成させ、5月下旬から6月上旬頃に開花します。

1樹の開花期間は6～7日で、盛花期間は2～3日です。

花の形状と特徴

花の形状

花は、枝分かれした長い軸（花《か》穂《すい》）に小花がつく複総状《ふくそうじょう》花序（花房）という形態で、小花が1花序に10～30個ほど着生します。

花の品種間差を見る場合には、1花序に18花未満（少）、18花以上25花未満（中）、25花以上（多）に分類します。また、花穂の長さも2・5㎝未満から3・5㎝以上の各長さに分類できますが、これは降水量や灌水量などにより、同一品種でも変動が大きくなります。

一つの花は直径3㎜程度の乳白

一つの茎に10～30個の小花が総状に着生

花は一つの雌しべと二つの雄しべをもつ

色。釣鐘状の4裂した合弁花冠《ごうべんかかん》（花冠がたがいに癒合し、一つの筒状部分をつくっている）で、4片のがくと1雌芯《しずい》（雌しべ）、2雄芯《ゆうずい》（雄しべ）をもっています。

花の特徴

花には蜜がなく、風により多量の花粉を飛散させて受粉する風媒花ですが、昆虫を媒介して受粉をおこなう虫媒花でもあります。

図2　不完全花と完全花

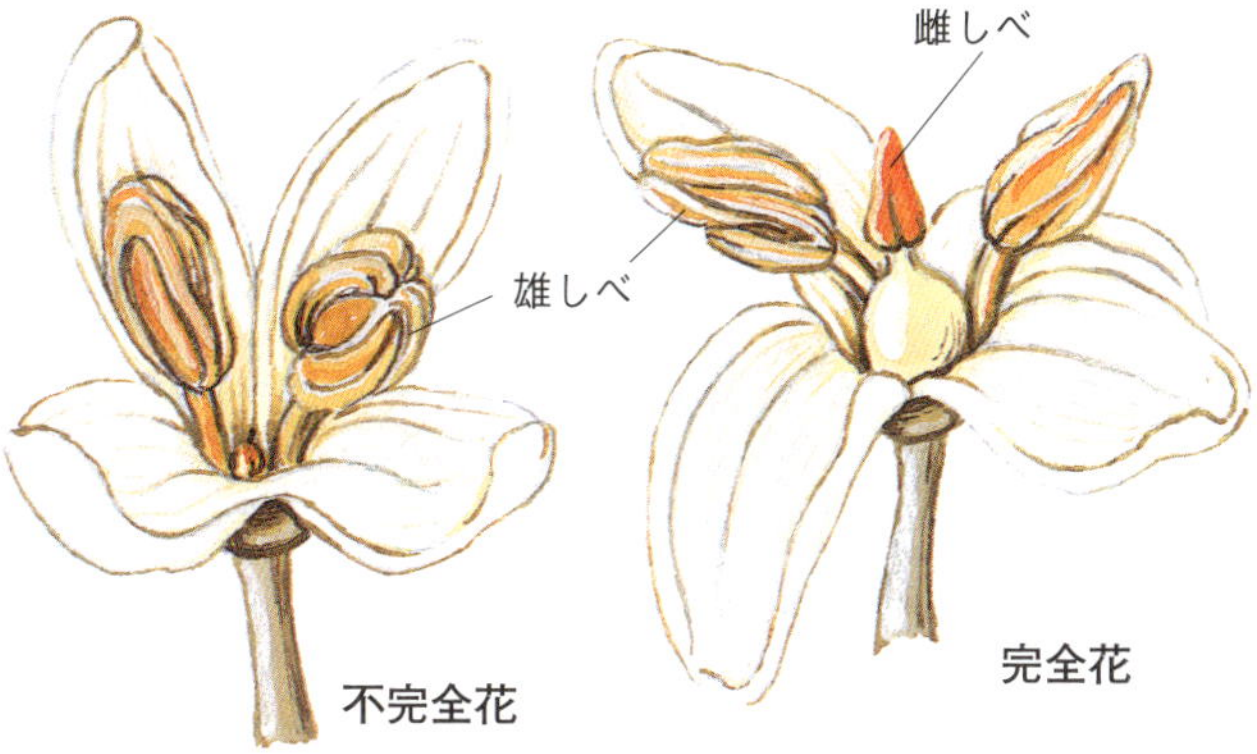

同じ品種の花粉では自家不和合性（雌しべ、雄しべが健全でありながら自家受粉では受精できない性質）が高く、結実しにくい性質があります。この自殖能力には差があり、まったく自殖能力を示さないものから、一定レベルの自殖能力を示すものまであります。

完全花と不完全花

また、柱頭《ちゅうとう》（雌芯の先端の部分）の発育が不完全なものや退化してしまった不完全花が発生します（**図2**）。不完全花は雌芯の能力はないので着果しませんが、雄芯は発育し、花粉の発芽能力には問題ないので、受粉樹として利用することは可能です。なお、完全花、不完全花の割合は品種間だけでなく、環境要因などによっても差があります。

オリーブの果実の特徴と形状、成分

果実の構造と大きさ

果実の構造は、外果皮、中果皮(果肉)、内果皮(核)、種子(胚乳・胚)に分けられます(**図3**)。内果皮はやがて硬い核となり、内側に1個、まれに2個の種子が入ります。

図3　果実断面図

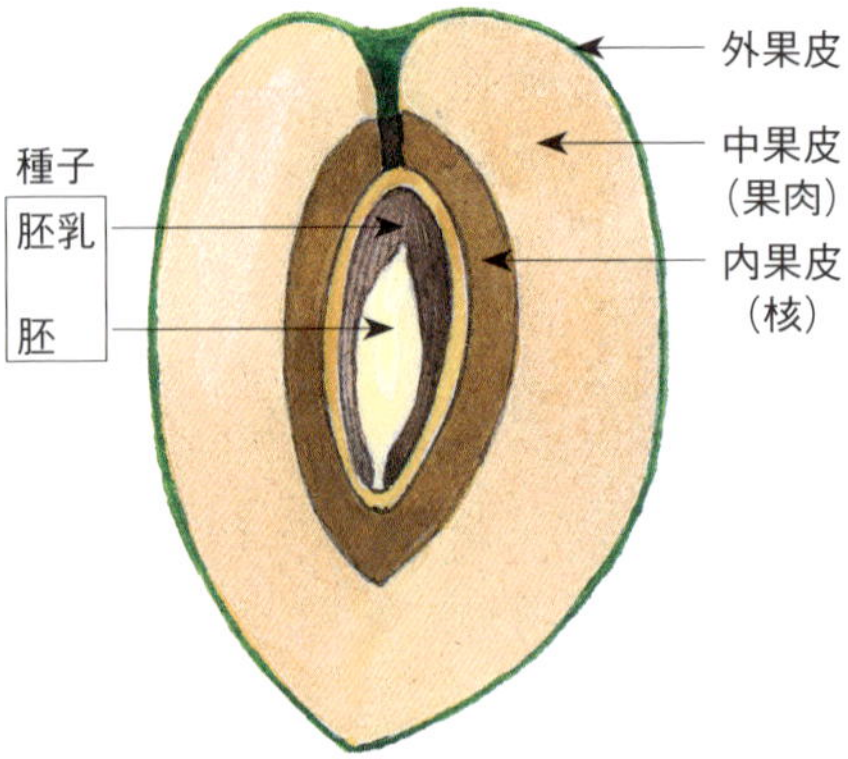

受粉後、幼果は約40日間、急速に細胞分裂をおこない、大きく育ちます。この期間が終了した直後に内果皮が核として硬くなり、果皮、果肉、核が識別できるようになります。この時期を硬核期といいます。

硬核期を過ぎた7～8月は、細胞肥大によって果肉が大きく育っていき、10～11月に成熟します。

果実の大きさは1g未満から15g以上まで、品種間差があります。大きさで分類するさいは、2g未満(小)、2g以上4g未満(中)、4g以上6g未満(大)、6g以上(特大)としています。

果実の形状

果形は球形、卵形、長卵形などさまざまで、品種によって異なりま

図4　果実の形状

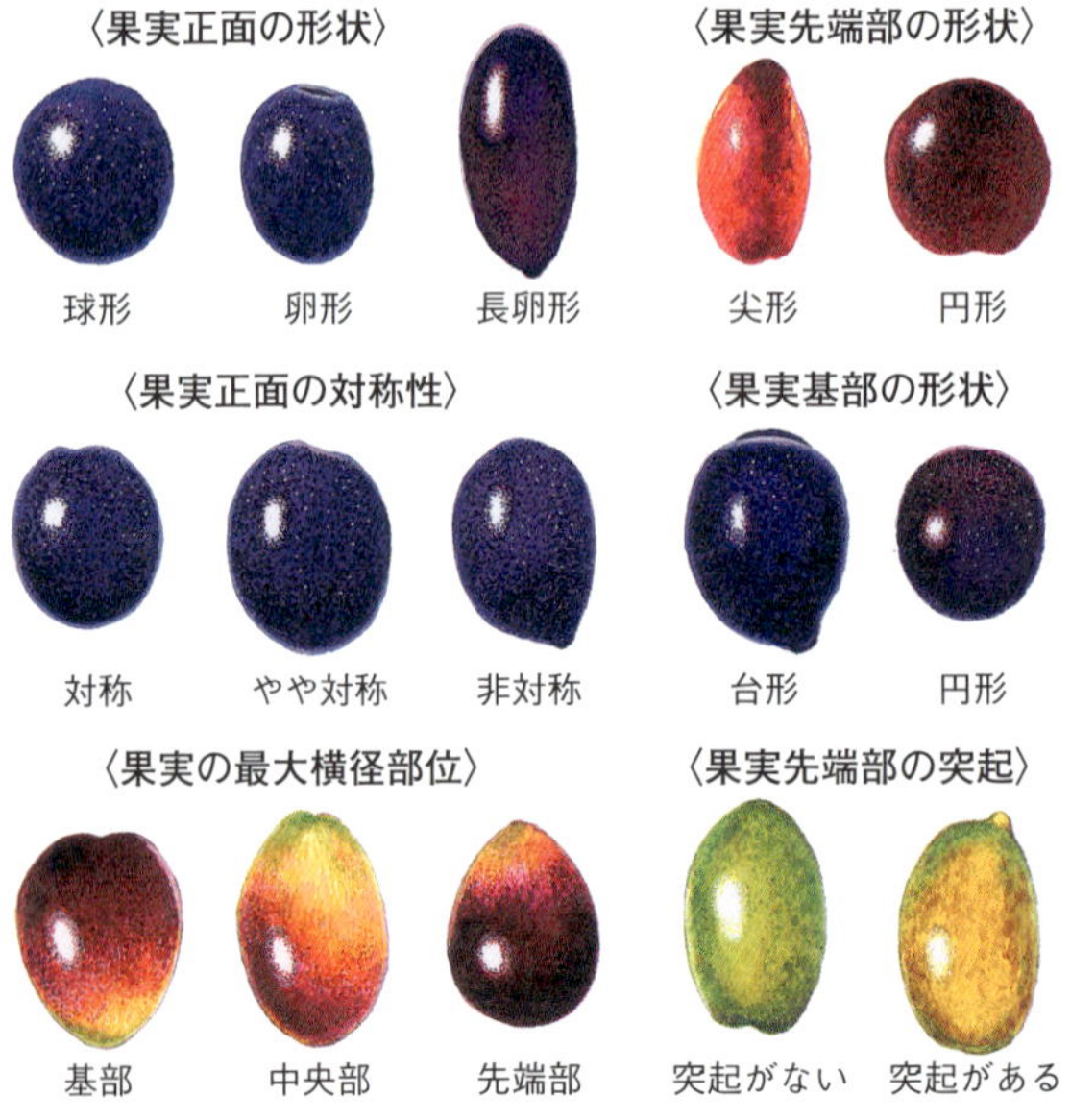

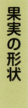

◆オリーブ果実の成熟度と成熟度指数

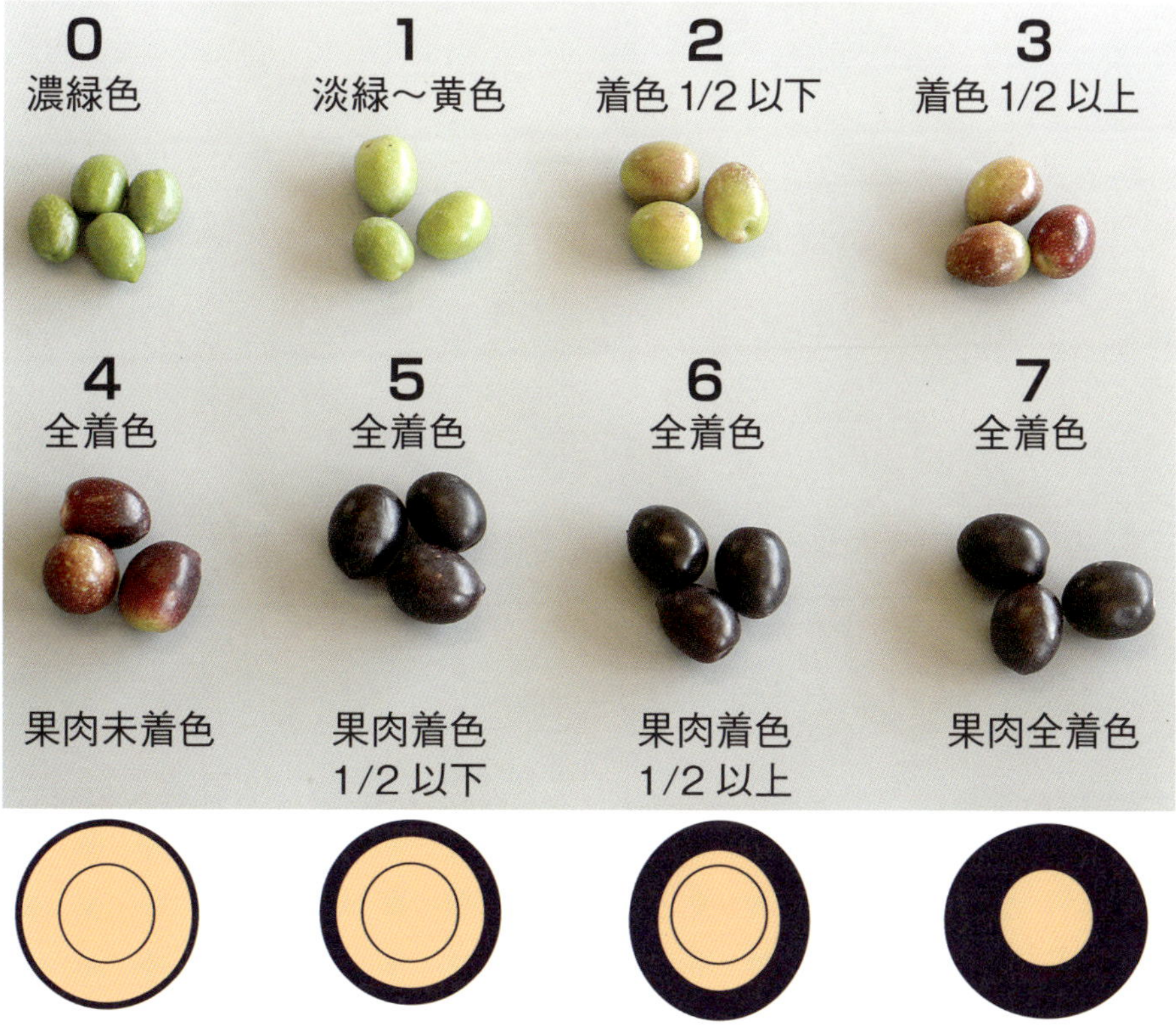

果皮および果肉の着色は、成熟度を判断するバロメーターになっている。８段階の成熟度指数はスペインの研究所で提唱されたもので、世界で広く採用されている

す。品種の特徴を見る方法として、左右の対称性や、最大横径の部位、先端や基部の丸みの有無、先端突起の有無などがあります（**図４**）。

また、種子についても品種間差異が大きく、形状や大小に違いがあります。

果実の色と成熟度

外部は、クチクラ（表皮組織の外壁の表面に形成された硬い膜）で覆われています。幼果期は緑色ですが、成熟期に入ると黄色、赤色を帯び、完熟すると黒紫色に着色します。

果実の成熟度は、一般的に外果皮および果肉の着色具合で判断します。外果皮が完全な緑色の熟度０から、果皮が完全に着色し、かつ果肉が種子まで着色する成熟度７までの８段階で表現しています。

果実の成熟度は1果で判断しますが、樹になっている果実の成熟具合や、収穫した果実全体について判断する場合は、100果を選び、計算式により成熟度指数を算出します。これはスペインで提唱されたもので、一般に使用されています。

緑果（左）と熟果の縦断面

ミッション（右）のほうがマンザニロより果皮の白い斑点が多い

果皮の表面は硬い膜で覆われている

図5　バージン・オリーブオイルの主成分と効用

・子どもの成長に
・糖尿病改善に
・動脈硬化予防に

・老化防止に
・水分の保持

・美肌づくりに
・新陳代謝の促進

注：バージン・オリーブオイルに含まれているポリフェノール、トコフェノールなどの抗酸化物質は、老化や肌の乾燥を防いだりする

果肉の主な成分

果肉と種子にオレイン酸グリセライドを主成分とするオリーブオイルを含みますが、含油率やオイル中の成分（**図5**）は品種間や栽培条件間に大きな差があります。

また、果肉は成長や生殖生理を正常に保つうえで必須のリノール酸や脳や網膜のはたらきを正常に保つうえで必須のα-リノレン酸、さらにビタミンA、ビタミンE、カリウム、リン、マグネシウムなどを含んでいます。

一般に、秋口以降の油分蓄積期に降水量（灌水量）が多いと、ポリフェノール類（渋みのある抗酸化物質）の発生量が少なくなり、水溶性のポリフェノールが減少するといわれています。

オリーブの樹、枝、葉、根の特徴

樹の特徴

品種により直立性、開張性、中間性、または枝垂れなどの特性があります。枝葉の込み具合も品種によって差があり、密生するもの、生育が早く枝の間隔が広いものなどがあります。

作業効率を考え、樹高を低く抑える

環境条件がよければ、樹高20ｍを超える樹もあります。小豆島でも10ｍを超える巨樹がありますが、経済栽培する場合には、作業効率を高めるために、樹高をいかに低く抑えるかが重要で、自然のまま高く生長している樹を見ることはめったにありません。

樹齢はきわめて長く、地中海沿岸において数千年の老樹が現存し、いまなお果実をならせています。近年は日本でも、シンボルツリーとして樹齢数十年〜数百年といったオリーブの古木の人気が高まっており、古木の輸入もおこなわれています。

枝の特徴

新梢は、前年枝の頂芽および葉腋の腋芽から発生します（図６）。枝が少なくなり、日当たりがよいと、2年生以上の枝の陰芽からも新梢が発生します。直立性の品種は前者の傾向があり、隔年結果性（果実が1年おきに良、不良を繰り返す性質のこと）が強くなり

図６　果実の着生部位

ます。開張性の品種は後者の傾向が強く、隔年結果性が弱くなります。

新梢は通年で伸長しますが、とくに5月～10月が旺盛です。不定芽（頂芽や葉腋の腋芽以外の場所から出る芽）の発生が良好なため、切り返し剪定も容易です。

1～2年生の枝の表皮には毛茸《もうじ》が密生していますが、やがて消失し、しだいに皮目ができていきます。樹皮は十数年後に粗皮となり、亀裂を生じ、外観上の特徴となります。

葉の形状と特徴

葉は対生で、細長い革質披針形の単葉。大小、形態、葉色、毛茸の多少など、品種間に差異があります。

一般に、葉の幅は1・0～1・5㎝、長さは4～8㎝。葉の表面はクチクラに覆われて光沢のある緑色（オリーブ色）をしており、葉の裏面は密生した毛茸に覆われて銀白色に見えます。

葉の分類は、長さと幅による大きさや比率による形として楕円、楕円—披針形、披針形の3種に分けられます。また、葉のそり具合やねじれ

図7　葉の形状

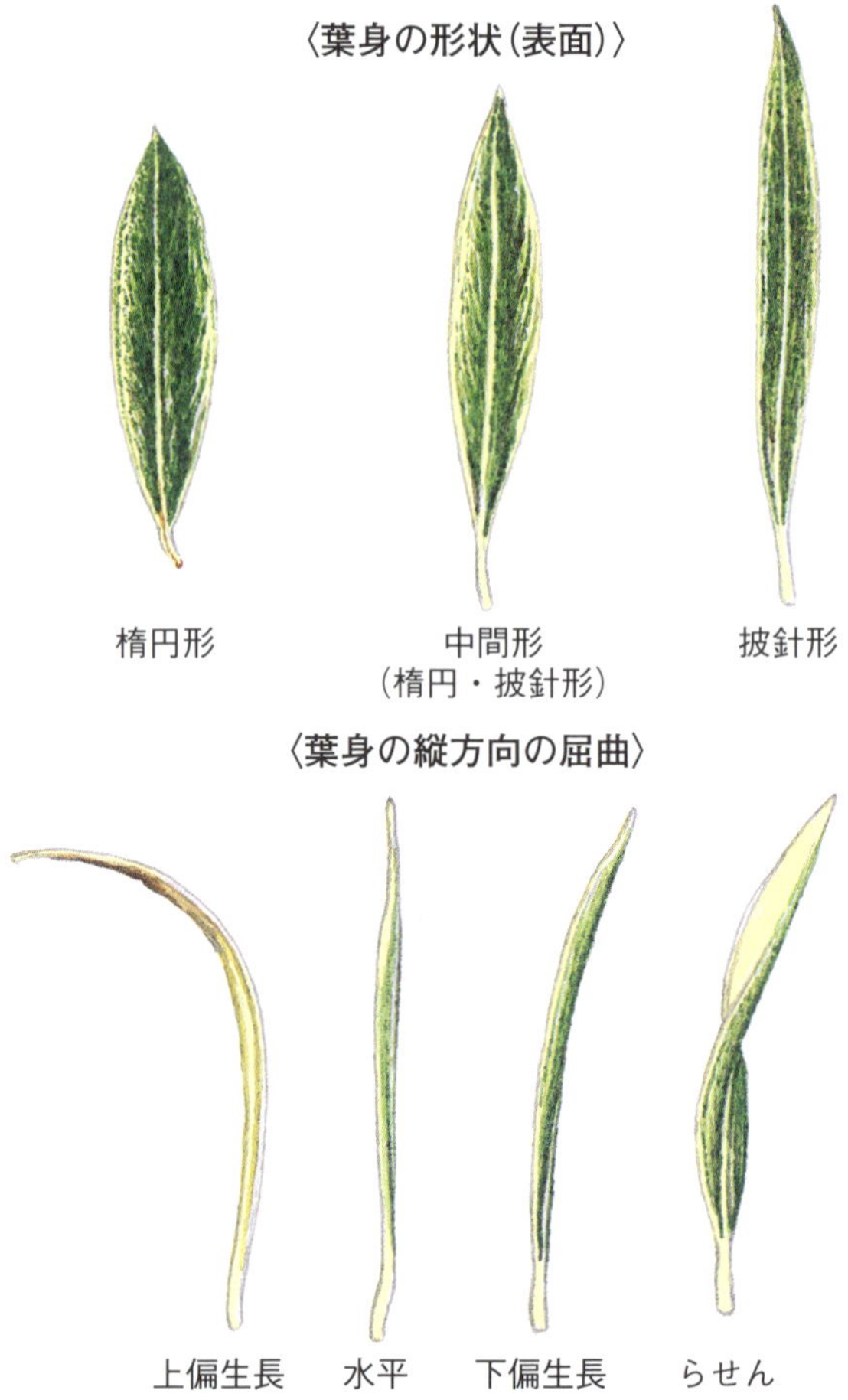

葉の形が楕円と披針形の中間タイプ

葉の表面は光沢のある緑色。品種によってはハート形を見つけることができる

葉の裏表の濃淡の差がはっきりしている（ルッカ）

表面が上にそる習性（カラマタ）

表面が下にそる習性（サルサ）

具合により分類する場合もあります（図7）。

根の特徴

新根の発生は3月中旬で、12月下旬まで生長を続けます。そのうち5月下旬から10月下旬までがとくに旺盛な時期です。

オリーブの根は酸素欠乏に敏感で、ほかの植物に比べて酸素要求度が非常に強いため、水はけが悪く水たまりが発生しやすい場所では、非常に生育が悪くなります。

根域は浅く広いが、排水のよくない場所で過湿状態が続くと根腐れをおこしやすい

ニュージーランドのＪ５種は酸素欠乏への耐性があるといわれていますが、日本国内においては正式に確認されていません。

ちなみにＪ５種とは、ニュージーランドの選抜品種。育成者の頭文字と育成番号を組み合わせて名づけたとされています。湿地帯で選抜した品種であるため、水はけの悪いところでも育つのではないかといわれます。九州の苗木生産者が導入し、国内で広がっています。

また、オリーブの根は繊維の発達が弱く、もろい性質があります。とくに根幹部は折れやすく、台風などの強風でゆすられると、折れて倒伏することがあるため、風の強い場所では風よけや支柱で固定するなどの対策が必要です。

オリーブの主な品種と特徴

主な系統と用途

オリーブの品種数には諸説があります。異名同種や同名異種が多くあり、地域名が多いため、品種数は数千といわれていました。

オリーブに関する政府間団体であるインターナショナル・オリーブ・カウンシル（IOC）などの関係機関が世界20か所のオリーブ遺伝子バンクと共同で調査し、形態的特徴27区分（UPOV＝植物新品種保護国際連盟、IOC、コルドバ大学）、およびマイクロサテライト（SSR）マーカー17種による分類で、現在1617品種が確認され、今後さらに精密な調査がおこなわれる予定です。

現在の日本には、1900年代初頭に香川県ほか3県で試験栽培時に導入したミッション、ネバディロ・ブランコなどの経済品種をはじめ、試験栽培や観賞用を目的に2000年代にオーストラリアやニュージーランドから導入した品種、また、2010年以降に国内でオリーブ栽培が広がったさいにイタリアなどから導入した品種があります。

これらの品種は漬け物用（テーブルオリーブ用）、オイル用、漬け物・オイル兼用種に分類されています。

主要品種の特徴

香川県で導入、普及して栽培した品種は、導入当初はオイル用を主体に、昭和34年（1959年）のオリーブオイル輸入自由化以降は漬け物用、および漬け物・オイル兼用を主体に栽培しています。

ミッション（Mission）

アメリカ原産。主産地である小豆島では70％近くを占める兼用種です。明治40年（1907年）にカリフォルニア州から輸入された歴史ある品種です。

ほかの品種に比べ果肉が硬く、新漬けと呼ばれている未発酵タイプの塩漬けに適しています。採油率も8～12％前後（10月下旬～12月）と中庸であり、オイルの風味がよいため兼用種として人気があります。

世界的には栽培面積は少なく、カリフォルニア州の一部とメキシコ、および日本でのみ経済栽培されています。

オーストラリアのミッション種とは別の品種で、区別するためにカリフォルニアミッションと呼ばれることもあります。

栽培上の問題点は、炭疽《たんそ》病に弱いという点があげられます。果実の着色がすすむとともに発病が増えるので、降雨の多い温暖地では注意が必要です。また、直立性が強いため、果実を取ることが目的ならば、若木のうちから樹高を抑えた樹形を整えるようにします。

ミッション（直立性、果実・中）

マンザニロ（開張性、果実・中）

ルッカ（直立性、果実・小）

マンザニロ（Manzanillo）

スペイン原産。大正5年（1916年）にカリフォルニア州から導入された漬け物用品種で、スペインのマンザニージャ種と同じ品種です。採油もできますが、含油率が低いため効率は悪くなります。

結実量は多く、果実は3g程度で生産性が高く、また豊産性です。一方で、早めに果実を収穫しないと隔年結果がおこりやすくなります。

漬け物用ですが果皮がやわらかく、収穫前に台風や強風にあうと傷つきやすいので、注意が必要です。

樹高は低く開張性です。枝は横に伸びるので、植えつけ時には建物やほかの樹と距離をとることが必要です。

ルッカ（Lucca）

主産地アメリカ。オイル用品種として近年見直され、栽培が増えている品種です。昭和7年（1932年）にカリフォルニア州から導入されました。

果重は2g程度と小ぶりですが、採油率は10～15％（10月下旬～12月）と多めでオイル品質がよいため、オイル用として栽培されています。採油された単一品種オイルは、品評会などでも高い評価を受けています。

また、炭疽病にも強いため、栽培環境の悪い場所でも植栽されています。オリーブの中では自家結実性が高く、1本でも結実しやすいため、家庭栽培用にも適しています。

一方で、樹高が高く、小豆島では10mを超える樹もあるので、植えつけ場所には注意が必要です。また、樹勢が強く大きく伸びるため、ほかの品種に比べ結実開始樹齢に達するまで1~2年長くかかります。

葉の表裏のコントラストが強いため、観賞用にも適しています。

なお、イタリア系品種と考えられていますが、イタリアにはルッカという品種はなく、正確な品種名はわかっていません。

ネバディロ・ブランコ (Nevadillo Blanco)

スペイン原産。ミッションと同時に導入された歴史ある品種です。小豆島ではオイル用、または受粉樹として利用されてきました。

花芽の着生はよいものの不完全花が多く、結実不良になることが多いため安定生産には向きません。しかし、花粉が多いため、受粉樹として使われています。また、挿し木繁殖時の発根率が高いため、増殖効率がよく、流通量の多い品種です。

葉の表面の緑色がやや薄く、裏面もほかの品種に比べる色が濃いため、美しさの点ではほかの品種に劣るかもしれません。

果実色は薄めのグリーン。漬け物にしたときの色は薄めですが、食味は良好です。採油率もミッション並みのため、最近では受粉用だけでなく漬け物用やオイル用としても利用されています。

アザパ〈アサパ〉(Azapa)

チリ原産で、〈〉は原産地の呼称。漬け物・オイル用の兼用種です、果実重は5~6gで毎年安定して実がなります。アルゼンチンの「アラウコ」種と同じ品種です。主枝の先端を上に向けて誘引すると樹勢が維持できます。炭疽病には弱い品種です。

シプレッシーノ〈チプレッシーノ〉(Cipressino)

イタリア原産の品種で、〈〉は原産地の呼称です。チプレッシーノとは糸杉を意味していて、直立の糸杉型に生長します。イタリアでは畑のまわりに植えて防風樹にも使用します。そのため、イタリアではフラ

シプレッシーノ（直立性、果実・中）

ネバディロ・ブランコ（開張性、果実・小）

コロネイキ（開張性、果実・極小）

アザパ（開張性、果実・大）

アザパは果実重5～6ｇの大果

カラマタ（直立性、果実・大）

ンジベント（風を壊す）とも呼ばれています。また、小さいうちから結実しやすいので、イタリアでは実なり鉢物によく使われています。

オイル用に用いられますが、直立型の樹形など観賞用に適しているといえます。

コロネイキ（Koroneiki）

ギリシャ原産のオイル用品種です。小粒の1g程度の果実がたくさんなります。小さな葉が密生するのが特徴です。病気に強く、また樹勢も強く、美しい樹姿が特徴です。地植えにすると大きくなりすぎるので注意が必要です。挿し木繁殖で増やしやすい品種です。

カラマタ（Kalamata）

ギリシャ原産の兼用品種です。果実は大きくて種離れもよいため、漬け物用に人気です。

樹勢が弱く、病気にも弱いため、注意が必要です。発根率がよくないため、接ぎ木苗がほとんどです。自根苗は生育が劣る場合があるので購入時に確認します。

アルベキーナ（Arbequina）

スペイン、カタルーニャ州原産のオイル用品種です。果実重は1g強と小さめですが、高品質なオイルが採れるため、世界じゅうで栽培されています。

樹勢は弱く、開張性です。また、早期結実性が強く、条件がよければ植えつけ後2～3年で結実を開始しますので、早く果実を見たい方にはおすすめできます。

フラントイオ（Fratoio）

イタリア中部原産のオイル用品種です。直立で樹勢は中庸ですが、安定的に結実する品種です。含油率は中程度ですが、フルーティーなよいオイルが採れます。また、発根性がよいため、挿し木繁殖に向いています。オーストラリアでパラゴンと呼ばれている品種はフラントイオと同じものです。

コラティーナ（Coratina）

イタリア、プーリア州原産のオイル用品種です。環境変化に強く、多くの地域に適応しやすく早期結実開始品種といわれています。

開張性で樹勢は中程度です。

果実サイズはマンザニロ程度とオイル用にしては大きいものの、含油率も高く、オイル中のポリフェノール含量が高いため、オイル用品種として注目されています。

カヨンヌ（Cayonne）

フランス原産のオイル用品種です。樹姿や葉形が美しく、観賞用に適しています。果実のグリーンは薄めですが、着色開始が早く、果実も観賞できます。病気には弱いので注意が必要です。

セビラノ（Sevillano）

スペイン原産。大果系漬け物用品種。スペインではゴルダルとも呼ばれています。果実は非常に大きく、ばらつきなく大果を着果します。

樹形は開張性です。また、隔年結果性が強く、大豊作のあとは数年結実が少なくなることもあります。

樹勢が弱く、炭疽病にも弱いために注意が必要です。海外では緑果、熟果が漬け物に加工されています

セビラノ（開張性、果実・大）

フラントイオ（開張性、果実・中）

コラティーナ（開張性、果実・中）

カヨンヌ（開張性、果実・中）

アルベキーナ（開張性、果実・極小）

が、日本では成熟につれ炭疽病が発病するので、早めの収穫が望ましいでしょう。また、発根率が低いので挿し木繁殖が困難な品種です。

品種名をめぐって

品種名としてマンザニロとマザニージャ、セビラノとセビラーナ、アスコラノとアスコラーナ、コレッジヨロとコレッジョラなどがありますが、基本的には同じ品種と考えてけっこうです。

イタリア語などではオリーボ＝オリーブの木、オリーバ＝オリーブの実をあらわします。一般的に母音oで終わる場合は木を、母音aで終わる場合は果実を示しますが、品種名として流通しているうちに混用されたと考えられます。とくに英語圏から導入した場合は英語名として名称が変わっています。

また、品種名プラス地名といったものがあるので（例　ノチェラーラ・デル・ベリーチェ＝ベリーチェのノチェラーラ、ノチェラーラ・メッシーナ＝メッシーナのノチェラーラ）、後半部分だけでは判断できません。

日本への伝来・試作と普及

オイル導入は安土・桃山時代

日本に初めて持ち込まれたオリーブオイルは、安土・桃山時代にキリスト教伝導のため来日したポルトガル人神父が携えてきたものといわれています。

そのため、オリーブオイルはポルトガルの油＝ホルトカル（貝原益軒の『大和本草』にはホルトカルとして掲載されています）がなまって「ホルトの油」と呼ばれていました。

江戸時代の博物学者で産業振興にも熱意をもっていた平賀源内は、モガシの樹と当時まだ日本に導入されていなかったオリーブとをまちがえ、モガシをホルト（オリーブ）の木と名づけました。

樹は江戸後期に伝来

日本へのオリーブ樹の伝来は、文久2年（1862年）および慶応3年（1867年）に幕府の医師・林洞海の献策によりフランスから輸入した苗木を、横須賀などに植えたのが最初といわれています。

明治12年（1879年）にはフランスから輸入した苗木が、勧農局三田育種場と神戸の同場付属植物園に植えられました。同付属植物園は神戸オリーブ園と改称されて農商務省直轄となり、明治15年（1882年）には果実を収穫し、日本で最初のオリーブオイルの採取とテーブルオリーブの加工がおこなわれました。しかし同園は長続きせず、廃園となりました。その後、数回の導入試験がおこなわれましたが、なかなか定着しませんでした。

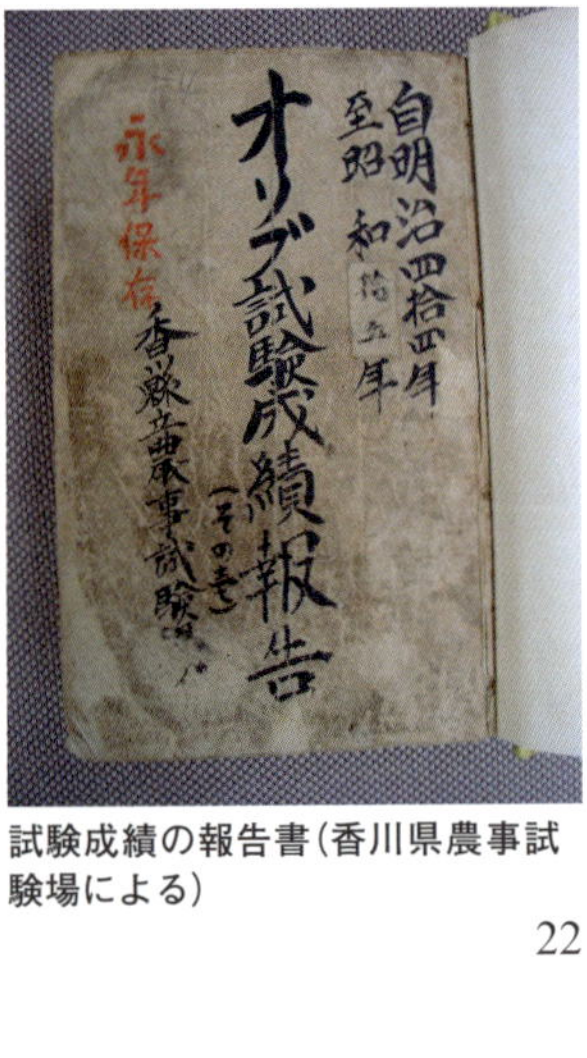

試験成績の報告書（香川県農事試験場による）

本格普及の中心は小豆島

明治40年（1907年）、油漬け魚類缶詰の輸出のため、輸入していたオリーブオイルを自給することを目的に、農商務省は栽培試験を開始しました。

三重、香川、鹿児島の3県を指定

オリーブの花と木は、香川県の県花、県木に指定されている

香川県ではオリーブの保存木を指定（オリーブ園）

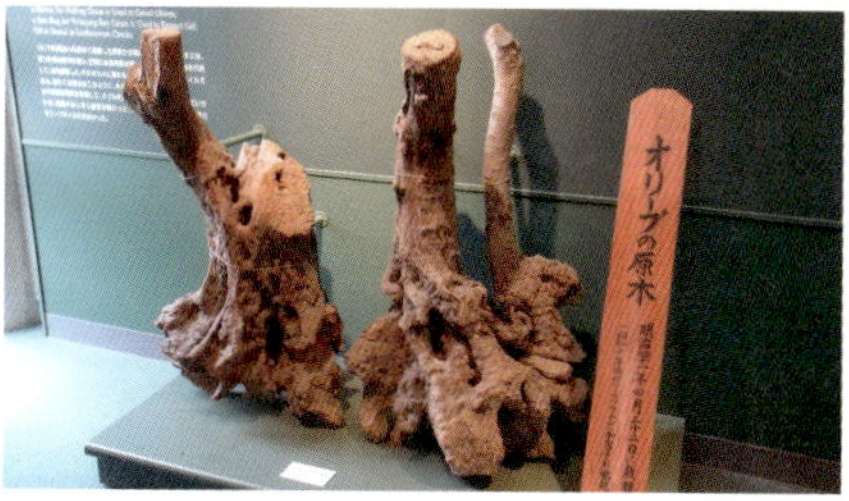

導入したオリーブの原木を展示（道の駅小豆島オリーブ公園）

戦後の増産運動などでオリーブの栽培面積が増加

オリーブ栽培が根づいた小豆島は、経済栽培発祥の地となっている

してアメリカから苗木を輸入し、翌年から試作を開始しました。そのうち香川県が栽培試験をおこなった小豆島だけが栽培に成功しました。

栽培に成功した小豆島の農業試験場には採油施設が整備され、産業としてのオリーブ栽培がはじまりました。試験場は苗木の供給をはじめ、その結果、小豆島を中心に香川、岡山、広島県などにも経済栽培が広がりました。

このようなことから、香川県小豆島は「オリーブ経済栽培の発祥の地」とされており、香川県ではオリーブの花と木を県花・県木に指定しています。

健康ブームで復活

昭和34年（1959年）にオリーブオイルの輸入が自由化されたこと

来園者をいざなうオリーブの道（道の駅小豆島オリーブ公園）

収穫期を迎える成熟果（ミッション）

農園によっては摘み取り体験もできる（オリーブ園）

で、低価格の外国産品の輸入が増加し、国産オイルの価格は低迷しました。

　また、害虫であるオリーブアナアキゾウムシに使用していた農薬が使用禁止になり、被害が増大してしまいました。これらのことからオリーブ農家の生産意欲は低下し、昭和39年（1964年）をピークに温州ミカンなどへの転換がすすんで栽培面積は急速に減少し、昭和60年代には香川県の栽培面積は34haまで減少しました。

　しかし、平成元年（1989年）以降、イタリア料理や健康食品ブームの中でオリーブはふたたび脚光を浴び、農業・食品製造業・観光業の再生の切り札として栽培が増加していったのです。

　平成12年（2000年）には小豆島で試験栽培用にオーストラリアなどからの品種導入がすすみ、それらが観賞用として流通するとともに、さらに多くの品種を導入・普及するようになりました。

　2010年代に入ると、西日本を中心に耕作放棄地対策や温州《うんしゅう》ミカンからの転換作物、また、地域振興の目玉としてオリーブの栽培がおこなわれるようになっています。

Olive

第2章

庭植えオリーブの育て方と収穫

収穫した果実。成熟度はいろいろ

庭植えオリーブの育て方の要点

育てやすい果樹だが……

オリーブは生長が早く、生命力が強い木です。環境への適応範囲が広く、あまり気をつかわなくても、まず枯れてしまうことはありません。また、ほかの果樹に比べて病害虫が少ないのも特徴です。

とはいえ、適切な条件をそろえなければ、よりよく育ち、美しい樹形や豊かな果実を楽しむことができません。

肥大した果実（ミッション）

品種の選択

よく、「品種にまさる技術なし」といわれます。適切な品種の導入が、栽培上の問題点を解決してくれることをあらわしています。

オリーブも品種によって樹の大きさが異なり、樹形が主幹形（直立性）、変則主幹形（半直立性）、開心自然形（開張性）と異なります。また、耐病性や果実の収穫期やサイズ、含油率なども異なるので、品種の特徴を知ったうえで導入品種を検討、選定したいところです。

結実のための受粉樹

花芽は蕾となり、乳白色の小花を咲かせる

オリーブは、同じ品種の花粉では受精・結実しにくい自家不和合性の品種が多いため、確実に果実を楽しむためには2種類以上の品種を植える必要があります。とくに開花期が長く、花粉量の多いネバディロ・ブランコが、もう1種類（受粉樹）として最適です。

健全な苗木の入手

品種の選択と同様に苗木を選ぶの

植えつけの場所とスペースを考えて植栽（東京都新宿区）

丈夫に育てるため、健全な苗木を入手するようにしたい

も、じょうずに育てるためのポイントになります。詳しくは後述しますが、品種名がラベルなどに明記され、なるべく3年生以上の大きめの健全な苗木を選ぶようにします。

植えつけ場所の検討

オリーブは草花と違って永年作物なので、いったん庭先や園地に植えつけたら簡単に動かすことはありません。土壌条件はもとより、風通し、日当たり、さらに将来の枝の配置、伸び具合などを考慮したうえで植えつけ場所を決めていきます。

生育サイクルに合わせた適期の管理作業が大切

適期の管理

オリーブ樹の健全な生長を促すためには、樹の1年の生育サイクルに合わせた管理、つまり適期の管理が必要です。施肥や整枝剪定、結実管理、病害虫対策などを適切におこなうようにします。

庭植えのオリーブ栽培には、年間500～1000㎜程度の降水量が適当とされています。つまり庭植えであれば、夏場の一時期を除き、ほとんど水を与えなくても育つので、水の与えすぎに注意が必要です。

オリーブが嫌うのが過湿です。過湿状態が続くと根腐れをおこしてしまいます。

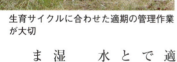

生育サイクルと作業カレンダー

萌芽期

オリーブは、4月上中旬頃に萌芽します。下旬頃には、葉芽と花芽の区別ができるようになってきます。一般的に枝の先端部の多くは葉芽、中間部、基部の多くは花芽になります。花芽は5月に入ると蕾の形になります。葉芽は展葉しながら徐々に伸長をはじめます。

萌芽。枝の先端部は葉芽、中間部と基部は花芽が多い

開花・結実期

蕾は当初緑色で固く締まっていますが、緑色の蕾が1・5〜2・5㎝程度に伸び、大きくふくらんで全体が白くなってくると間もなく開花します。5月下旬〜6月上旬には開花をはじめます。風により受粉がおこなわれ、受精した花は着果しますが、1花序当たり1〜3果が残ります。生理落果などにより最終的にはほとんど1果になります。

新梢伸長期

新梢は4月下旬から11月中旬まで伸長しますが、とくに4月下旬から8月までによく伸びます。秋伸びして冬季までに枝が硬化できないと、霜害にあうことがありますので、晩秋の時期に枝を伸ばさないよう注意しましょう。

果実肥大・成熟期

オリーブの果実は受精後肥大を続けますが、8月に硬核期を迎え一時的に肥大が止まります。しかし、その後ふたたび肥大をはじめます。

生理落果には前期と後期がありますが、大部分は前期落果の最初の20日程度で落果し、それ以降、および8月下旬以降の後期落果がありますがほとんど落ちません。

9月頃からは果実内にオイル分の蓄積をはじめます。外果皮は10月中旬頃から着色をはじめます。11月末〜12月上旬には蓄積オイル量がピークに達します。

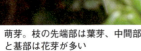

図８　生育の状態と主な作業

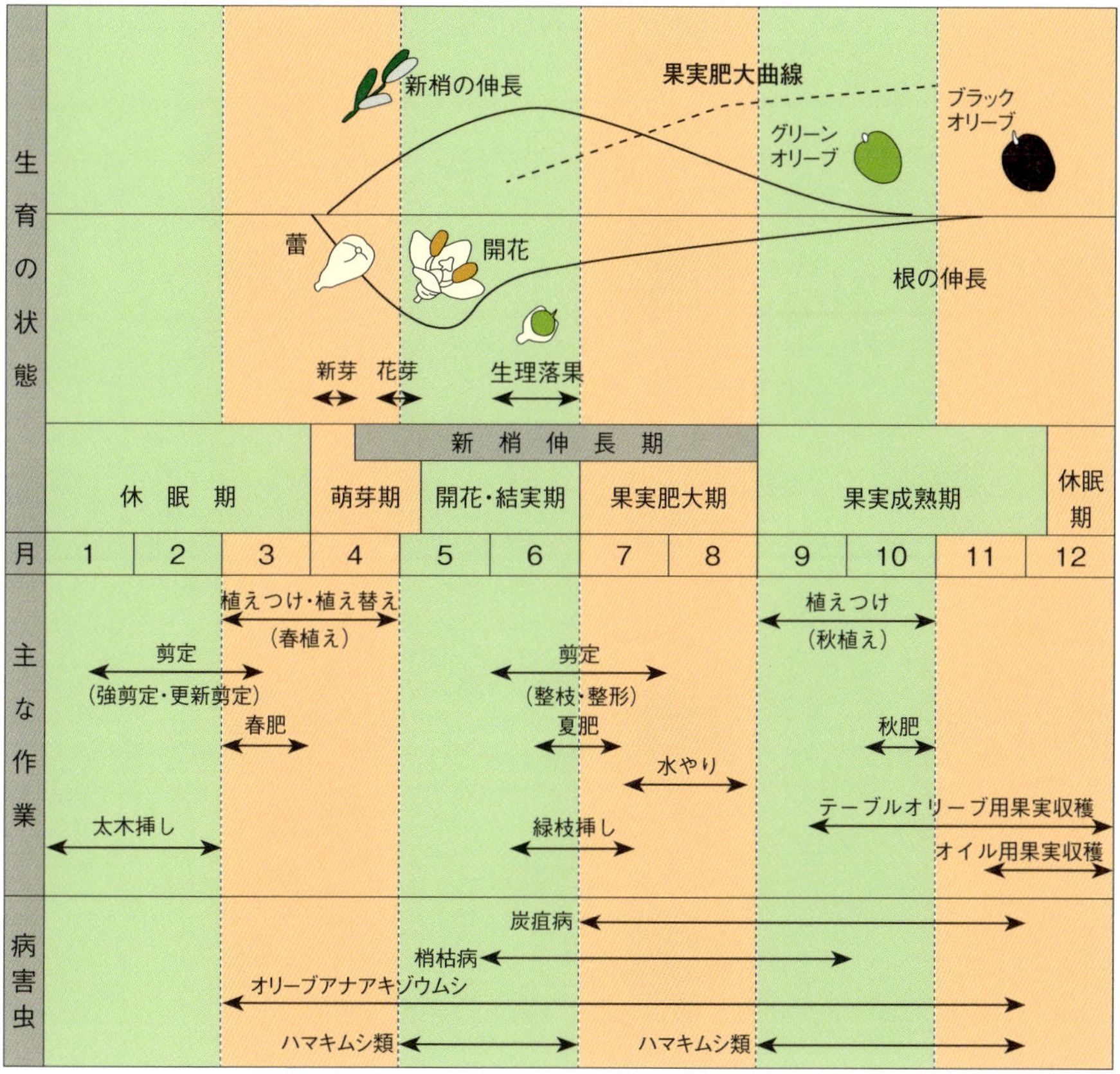

注：西日本、東日本の平野部を基準にしており、品種、栽培法、立地条件によって異なってくる

養分蓄積期

11月下旬以降になり、気温、地温が低下すると樹勢回復のための養分吸収が困難になるため、遅くとも10月下旬には施肥（礼肥）をおこなうようにします。時期を失すると分解が遅れ、効果が少なくなるので注意します。

作業カレンダー

樹形を大きく変えるような強剪定は、休眠期の1~3月におこないます。風通しをよくしたり、葉数を整える程度の間引き剪定は、いつおこなってもだいじょうぶです。

1年間の生育の状態と主な作業（**図8**）をカレンダーとしてまとめました。詳しくは、それぞれの項目で解説します。

オリーブ樹の一生と生長段階

樹齢と生長段階

オリーブは、一般的に植えつけ後10年ぐらいで成木になります。

植えつけから3～5年生の開花はじめまでが幼木、結実量が増加し、樹が大きく生長する時期が若木、10年生ほどになり安定結実期から成木と呼びます。老木については樹勢が弱ってきた段階をさしますが、オリーブ樹は老木の判断が困難です。

幼木（苗木２年生）

幼木・若木期の特徴

幼木期のオリーブ樹は、大きく伸長して樹形をつくる時期にあたります。とくに1～3年生の間は樹の形をつくる大切な時期です。

若木（地植え６年生）

下垂枝や分岐によってむだな枝をつくると、将来的に剪除しなければならないので注意しましょう。樹勢が落ち着いてくると着蕾し、開花するようになります。

開花がはじまると結実しますが、結実開始初期は、枝が伸長するため初期の果実は生理落果することがあります。また、樹を早く大きくするためには、初期に開花しても結実させないほうがいいでしょう。

ある程度の果実がなり、毎年結実量が増加している時期が若木期です。なお、開花や結実開始樹齢は品種によって変わります。

樹高60㎝程度の単幹の1年生苗を植えつけた場合、開花結実までの期間は、早期結実性の強いアルベキナ種など3年程度、樹勢が強く開花までに年数のかかるルッカ種で4～6

年程度を要します。

若木の間はきれいな大きな果実が取れます。この間がもっとも楽しみの大きい時期です。

成木・老木期の特徴

樹齢10年を過ぎ、結実量が安定してきた頃からが成木期です。この頃からは樹勢が落ち着き、安定して結実するようになりますが、品種や樹の栄養状態により隔年結果が強くなってきます。整枝剪定や早期の果実収穫などに心がけることで隔年結果を抑制できます。

シンボルツリーとなっている老木。2011年、アンダルシア（スペイン）から輸入して植樹（小豆島ヘルシーランド）

国内では古い産地である小豆島でも90年を超えるオリーブ樹が元気に育っています。これらは国内では老木の位置づけですが海外のものと比べると、まだまだ若い樹といわざるをえません。

日本は降水量が多いため、病害の影響を受けたり腐ったりしやすく、また、台風等での倒伏やオリーブアナアキゾウムシ被害による枯死など、諸外国と比較すると長く栽培することは困難です。オリーブの経済寿命ですが、小豆島では50年以上の樹も結実し、収穫されています。

シンボルツリーの古樹

なお、樹齢70年以上の樹が、香川県内で観賞用のシンボルツリーとして植栽されています。

また、オリーブ樹は非常に長命で知られており、中東や地中海沿岸諸国では３０００年を超えるオリーブ樹も果実を結実させています。オリーブ樹は再生能力が高く地上部が枯死しても、地下部や樹の一部から発芽、発根して再生します。

近年、海外から樹齢１００年以上の老木が輸入されていますが、がんしゅ病罹病樹が混入している場合もあるので注意が必要です。

参考までですが、国税庁によるオリーブ樹の耐用年数は25年ということになっています。

栽培地域と適地の気象・土壌

日本での栽培地域

オリーブは温暖小雨の気候で生長し、日照量が多く水はけのよい土壌を好み、温暖地の植物のイメージに反して耐寒性もあります。

中山間地や沿岸部など立地条件にもよりますが、西日本や東日本の一帯、さらに北日本の一部（宮城県の太平洋側）などまで広く露地栽培をすることが可能です（図９）。

植栽の目的により、立地条件を考慮しながら庭先や園地で露地栽培をおこなうか、鉢・コンテナ栽培をおこなうかを検討します。

図９　オリーブの栽培マップ

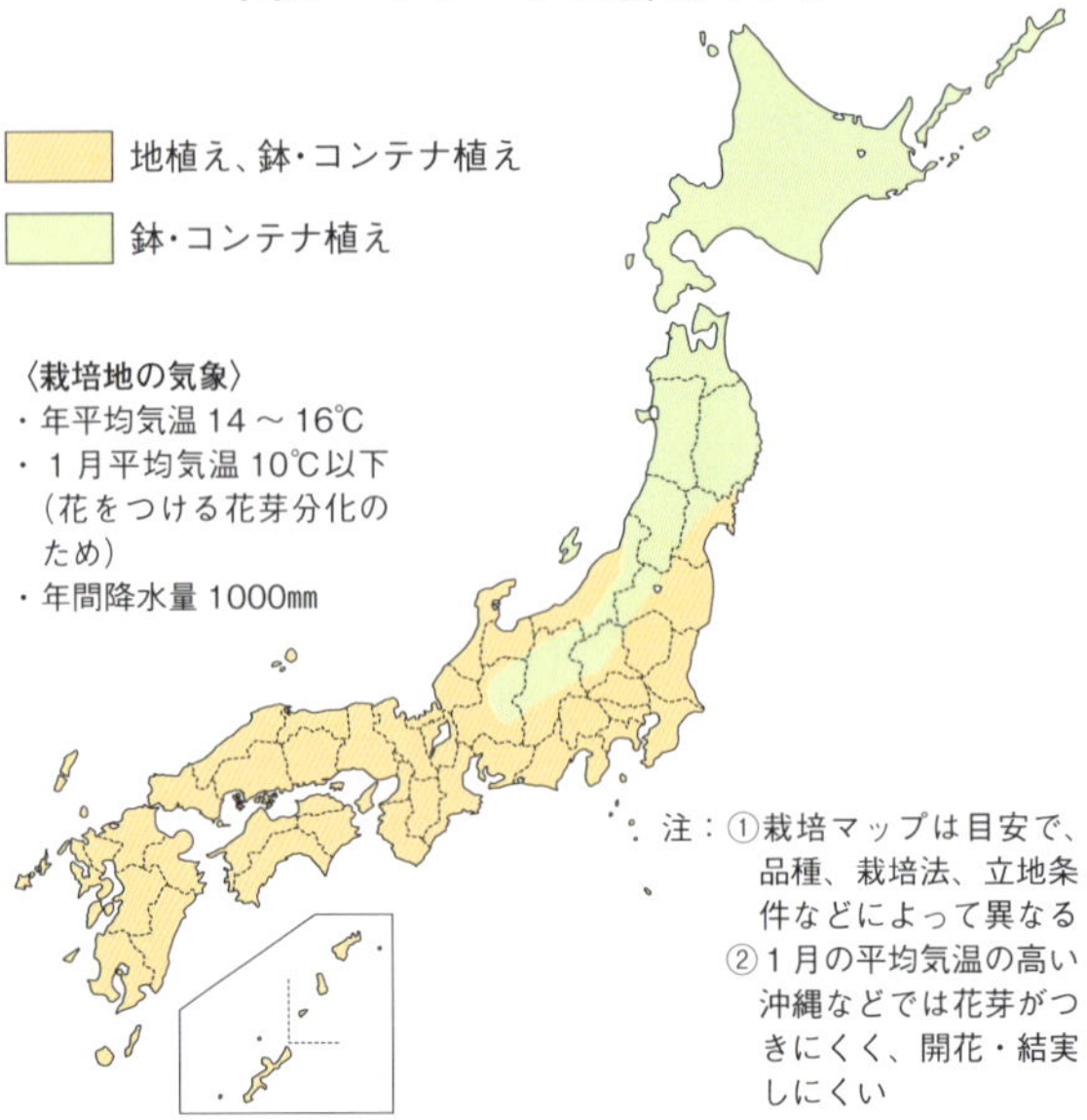

福島県内の遊休農地に植えつけたオリーブ。収穫した果実の利用・加工に取り組んでいる（いわきオリーブプロジェクト）

栽培適地の気象

気象条件

年平均気温が14～16℃の温暖な地域が適地とされており、広い地域で育てることができます。

比較的低温にも強く、短期間であればマイナス10℃でも寒害が多少発生する程度ですが、マイナス5℃以下の日が長時間続くと枯れてしまうことがあります。そのような地域では鉢植えにして、冬季には室内に入れて冬越しできるようにして育てるとよいでしょう。

一方、冬から春先の平均気温が10℃以下でないと花芽がつきにくくなり、1月の平均気温が15℃以上だと開花しないといわれています。また、オリーブは乾燥を好むとされていますが、良好な生育のためには年間降水量1000㎜程度が必要です。

日照量の多少

原産地が地中海沿岸のオリーブは、日照量が多いほど生育がよくなります。年間2000時間以上の日照時間が望ましいとされています。なるべく南向きの、日当たりのよいところで育てるとよいでしょう。

日照量が多く、風通しのよい場所が望ましい（地植え７年生）

風の強弱

病虫害を避けるために、風通しがよい場所が好ましいのはほかの果樹と同様です。また、オリーブは比較的根が浅く風倒しやすいこと、花や実が強風で落ちやすいことがあり、風が強いところでは支柱を立てるなどの防風対策が必要です。

土壌の条件

オリーブは土壌条件に対する適応性が高く、植壌土（細土中の粘土含量が37・5〜50％の土壌）から砂土（粘土含量が12・5％より少ない土壌）までの広い範囲の土壌で生育します。

根の生育には良好な通気性を必要とし、保水力に富んだ排水しやすい肥伏地を選ぶ

過湿が苦手なため、重粘土や地下水位の高い低湿地などでは生長が極端に悪くなってしまいます。排水性のよい場所を選ぶことが大切です。

また、地力《ちりょく》（作物栽培のときに示される生産力）にたいしては、わりあいに鈍感な反応だといわれますが、肥沃《ひよく》地では品質、収量とも安定した生産を維持します。

耕土が浅いやせ地では、適切な肥培管理によって生産量を維持できます。しかし、隔年結果（果実のなり年と不なり年が交互にあらわれる現象）が著しく、品質が劣る傾向にあります。

品種の選択にあたって

品種選択の視点

庭先栽培、経済栽培のいずれも多く出回っている品種の中から、どれを選ぶかはむずかしいところです。

観賞用として栽培する場合、それぞれの品種の特徴を見きわめて選択しますが、果実を摘み取ることを主眼にする場合、まずは大前提としてテーブルオリーブ用なのかオイル用なのかを検討しておかなければなりません。

そのうえで、次のような品種選びの視点が必要です。

・樹勢の強弱
・果実成熟期の早晩
・果実収量の多少
・果実品質の優劣
・耐寒性と耐病性

品種の特性と選択

オリーブは、世界に1600以上の品種があるといわれています。主な品種の特徴は**表1**や第1章で紹介していますので、品種を選ぶさいの参考にしてください。ここでは手に入れやすい4品種（香川県の主要品種）について、果樹としての特性をもう一度触れておきます。

マンザニロ

マンザニロ

オリーブの中では生長が遅いほうですが、世界じゅうで栽培されている定番品種です。樹形が乱れにくく、樹高もあまり高くならないため、あまり手がかかりません。

自家不結実性が強く、1本では結実しにくいため、実を楽しむならほかの品種といっしょに植えたほうがよいでしょう。マンザニロ（マンザニージャ）はスペイン語で「小さなリンゴ」という意味をもち、丸い実をつけます。含油率は低めのため、テーブルオリーブに向きます。

ミッション

ほかの品種と比べて直立性が強く、シンボルツリーなど素直な樹形で高さがほしい場合に向きます。葉は細長く裏葉の白さが特徴で、遠目

表1　オリーブ主要品種の特性

品種名	主要用途	樹勢	樹形	果実サイズ	果形	含油率	炭疽病	発根率	原産地または主要産地
マンザニロ	漬け物	弱	開張性	中	球形	低	中	高	スペイン
ミッション	兼用	強	直立性	中	長卵形	中	弱	中	アメリカ合衆国
ルッカ	オイル	強	直立性	小	卵形	高	強	中	アメリカ合衆国・オーストラリア
ネバディロ・ブランコ	オイル	中	開張性	小	長卵形	中	中	高	スペイン
フラントイオ	オイル	強	開張性	中	卵形	高	中	高	イタリア
レッチーノ	オイル	強	開張性	中	卵形	中	強	高	イタリア
シプレッシーノ	オイル	強	直立性	中	球形	中	中	高	イタリア
アルベキナ	オイル	弱	開張性	極小	球形	高	弱	高	スペイン
ピクアル	オイル	中	開張性	中	卵形	高	中	中～高	スペイン
セビラノ	漬け物	中	直立性	極大	卵形	低	弱	低	スペイン
コロネイキ	オイル	中	開張性	極小	卵形	高	強	中	ギリシャ
カラマタ	兼用	強	直立性	大	卵形	中	弱	低	ギリシャ
アザパ	漬け物	強	開張性	大	卵形	低	弱	中	チリ・アルゼンチン

注：香川県試験成績、およびイタリアCNRオリーブ品種データベースより抜粋改変

ミッション

にも美しく見えます。

自家不結実性が強く1本では結実しにくいため、実を楽しむならほかの品種といっしょに植えたほうがよいでしょう。

ネバディロ・ブランコ

萌芽力が強くて枝葉も多く、育てやすい品種です。生け垣やトピアリー（装飾的刈り込み、仕立て）など、葉を込ませたり、樹形をつくり込みたい場合に向きます。また、オリーブの中でもとくに大きく育ちやすい品種で、パラソル型の緑陰樹にも仕立てられます。

花粉量が多く、開花期も長いため、ほかの品種といっしょに植える受粉樹としても最適です。

ルッカ

生長が早くて萌芽力も強く、存在感のあるダイナミックな樹形となります。大きく育つのでシンボルツリーにもなります。

ネバディロ・ブランコ

ルッカ

自家不結実性がそれほど強くなく、1本でも比較的実をつけやすい品種です。果実は小さいのですが含油率が25％程度と高いため、オイル用に最適です。

導入品種をめぐる動向

従来は、香川県の主要4品種中心に栽培されていました。近年では多くの海外品種が導入されています。

平成初期には、イタリア系品種が5品種ほど観賞用として導入されました。平成10年代に入り、香川県農業試験場などがオーストラリアから10数種の品種の導入試験をおこない、それ以降、多くの品種が輸入、販売されるようになりました。

最近では優良個体を選抜した従来品種の優良系統が、経済栽培用に輸入されています。海外苗木会社において低樹高性や耐寒性、耐病性等で選抜したものです。まだ家庭栽培用には流通していませんが、いずれ低樹高の小型のオリーブ品種が庭植え用にも販売されるでしょう。

オーストラリア、ニュージーランド系の品種には、従来の品種に独自の名称をつけたものがあるので注意が必要です。イタリア、スペイン、ギリシャ系等輸入品種全般にいえることですが、オリーブは長い歴史のある作物なので同種異名、異種同名、地域名称などが多くあります。このため同じ名称でも違う品種の苗木が流通しています。

また、輸入苗木には国内で確認した生育特性でなく、苗木輸出国における生育特性を記載している場合があるので、耐病性や含油率表記は確認が必要です。

苗木の種類と適切な選び方

苗木の種類

オリーブの苗木は、そのほとんどが挿し木などで育てられたものです。ポット苗（ポリポット、不織《ふしょく》布《ふ》ポットなどで育てられたもので棒苗ともいう）、掘り上げ苗（地植えで育てられた苗木を、根がむき出しのまま掘り上げたもの）、さらにたくさん枝分かれした大苗（鉢などに入っている）などがあります。一般的に販売されているポット苗のほうが、活着や生育もよいでしょう。

販売されている苗木は、育てられた年数によって、大きさや値段が変わります。1本立ちの1年生苗は安価ですが、まだ根が十分に育っておらず、活着率が低くなります。

緑枝挿しにより、苗木を生産

地植えの苗木１年生

一般的に流通しているのは、3～5年生で80cm～1m50cm程度の苗木です。根も十分に発達しており、活着率も高くなります。値段も手ごろです。

また、オリーブは果実をつけるまでに4～5年かかるため、果実を早く楽しみたい場合も、3年生以上の苗木を選ぶとよいでしょう。

不織布ポットで苗木を育成

苗木の選び方

品種名が、ラベルやタグ（下げ札）などにはっきりと示されている苗木を選びます。

とくに果実を楽しみたい場合は、品種によって自家不結実性の強弱やテーブルオリーブ向き、オイル向きがあるため、必要な品種を確認することが大切です。

同じ品種や同じ年生でも、苗木の仕立て方によって、直立している苗木、開張している苗木など、その姿はさまざまです。将来的にどのような形にしたいかを考え、それに近い形の苗を選ぶと、のちの手入れが楽になります。

ポット苗３年生。根も十分に発達している

果樹農家が使うような1本立ちの苗木は、最初から好みの樹形をつくっていく楽しみもありますが、それだけ手間もかかるし、果実がなるまでに時間もかかります。

開張している苗木を選ぶ場合は、できるだけ根元がすっきりしている状態のものを選びます。根元から枝分かれしているような苗木は、将来的に病虫害にかかる可能性が高くなります。

いずれの場合も、見た目に健康な苗木を選ぶことが大切です。枝が太くて節間が狭いもの、葉色が濃いもの、根鉢がよく張っているものを選ぶとよいでしょう。

種品名がわかり、見た目にも
健康な苗木が望ましい

根鉢の状態は見た目ではわかりませんが、ポットを触ってみると、その感触で根鉢の張り具合の違いがわかると思います。

できれば店頭で確かめる

近年は、苗木もインターネットショッピングなどで現物を見ることなく購入できますが、できれば実際に店頭で見て、苗木の大きさや状態を確かめて購入してください。

どうしても店頭で確かめられない場合は、信用できるネットショップを選びましょう。なお、参考までに巻末でオリーブ苗木の主な入手・取扱先を紹介しています。

植えつけ計画と植えつけ方

植えつけ時期

ポット苗の場合は、盛夏や厳冬期でなければ、いつでも植えつけが可能ですが、一般的には春植え（3〜4月）と秋植え（9〜10月）があります。根や新梢が生長しはじめる前の春植え（2〜4月上旬まで）が最適です。

植えつけ場所と間隔

なるべく日当たりや風通しがよい場所を選びます。

庭植えの場合、オリーブは3〜5m程度の高さに育ちます。枝の配置など育った状態を想定して、あらかじめまわりの建物やほかの植物との距離もとっておきましょう。

また、何本も植えつける場合は、植えつけ間隔を検討しておかなければなりません。オリーブ樹の生育速度は想定以上に速く、あっという間に密植状態になり、成木になった時点で隣接樹と枝が触れ合ったりして管理しにくくなるからです。

植えつけ間隔は品種や仕立て方などによって差がでてきますが、4〜6mを目安とします。経済栽培では当初の植えつけを密植にし、間伐を実施して最終間隔を4〜6mにする場合があります。

正方形に植える並木植えを基本としますが、傾斜地で作業性から等高線植えとします。風の方向などを考慮し、受粉樹を適切に配置します。

植栽イメージにあった仕立て方ができる苗木を選ぶ

植えつけ間隔を検討する

事前の土づくり

オリーブは土壌に対する適応力が高く、比較的どんな土でも育ちますが、条件のよい土を事前に準備しておけば、よりよい生長が望めます。

オリーブは、弱アルカリ性で水はけのよい土壌を好みます。また、オリーブの根は、深さ60㎝までに根全体の94%、水分や養分を吸収する細根（根径1㎜以下の細かい根）の74%が分布します。

そのような条件をそろえるために、植えつけ場所に植え穴を掘り（直径1m×深さ60〜70㎝）、掘り下げた穴に苦土石灰（2kg）、完熟堆肥（10〜20kg）、溶リン（2kg）を入れ、十分混ぜて埋め戻します。オリーブの根が伸びる深さ60㎝の土層を、苦土石灰で弱アルカリ性に、完熟堆肥で養分と水はけのよさを調整しておくというわけです。

図10　苗木の植えつけ方

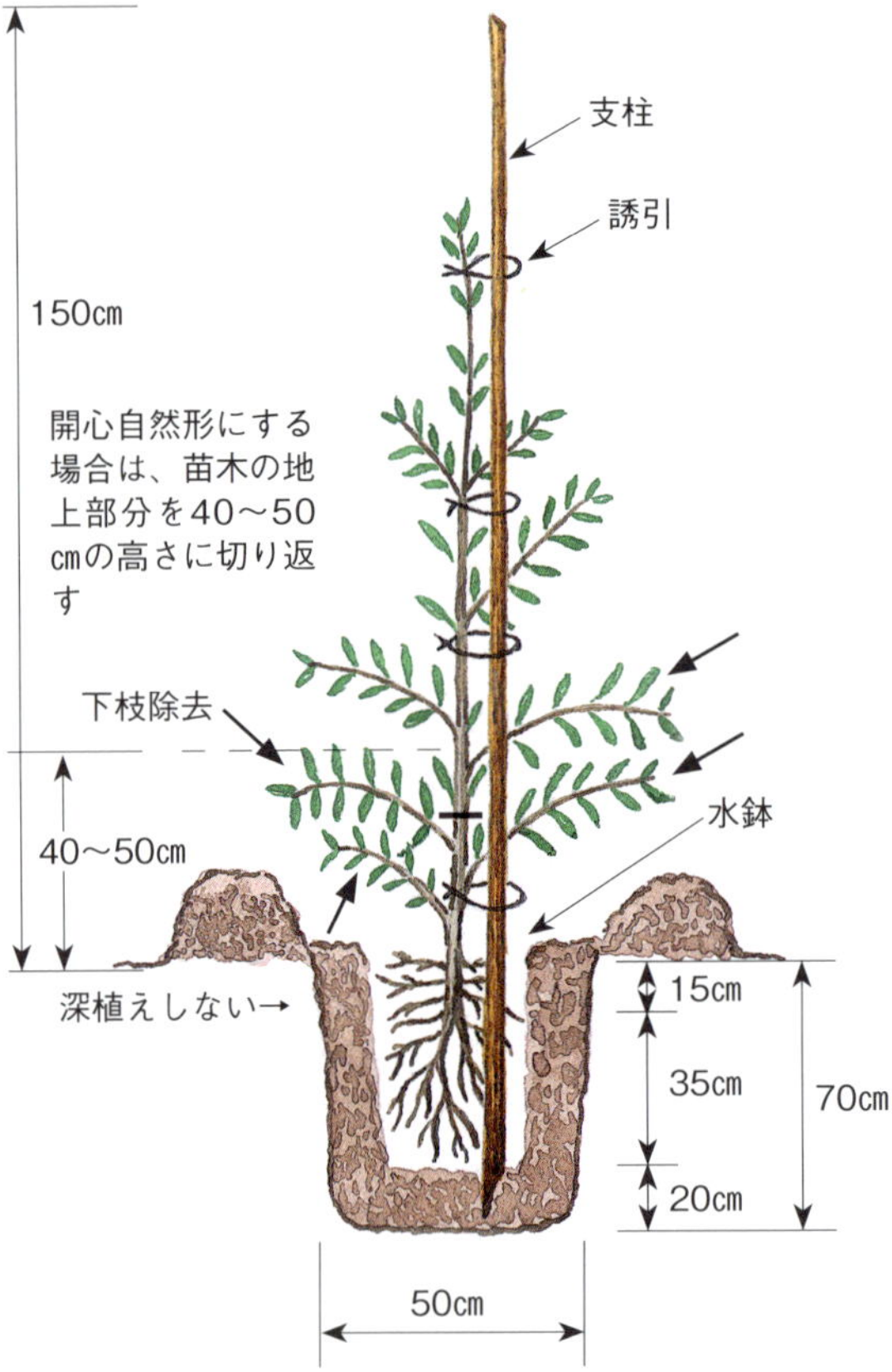

この作業は、苦土石灰が土になじむ2週間〜1か月前におこなっておくことが理想ですが、時間がない場合は植えつけ当日でもだいじょうぶです。

植えつけの手順

植えつけ時の主な手順を述べます（図10）。

❶植えつけ位置に、ポットよりもやや大きめの穴を掘る

❷鉢底と植え穴の間に空間ができないよう、また、深植えにならないよう、植え穴の底中央に適度の土を入れて苗木を置く。ポットから苗木を抜くときは、なるべく根鉢を壊さないようにする

❸苗木の姿勢を確かめながら土をまんべんなく戻し入れ、軽く押さえる。苗木のまわりに5〜10㎝程度土

◆植えつけのポイント

1　植え穴（深さ60～70㎝、直径約1m）を掘る

2　苦土石灰、完熟堆肥などを混ぜた土を入れる

3　底中央に苗木を置き、周囲に土を戻し入れる

4　苗木のまわりの土を盛り上げ、水鉢をつくる

5　支柱を立て、麻ひもなどで固定する

6　十分に水を与える

7　植えつけを終了

を盛り上げ、水鉢（ドーナツ型のウォータースペース）をつくる

❹活着するまでは風などで苗木が揺さぶられると根が傷むので、かならず支柱をしっかりと立て、麻ひもなどで固定する

❺オリーブは乾燥に強いが、植えつけから1か月程度は根が十分に活着していないため、たっぷりと水を与える。植えつけ時に土を強く押し込まなくても、十分に水を与えることで土は締まっていくが、水を与えることで根が見えてくるようであれば、土を加えて根を覆う

なお、3～4年の主枝を開張ぎみに仕立てる場合、苗木の地上部分が40～50㎝の高さになるように切り返します。また、1か月後くらいで根が十分に活着したら、水鉢を崩し、平らにします。

移植時の掘り上げと植えつけ

移植の適期

庭植えの場合は、あまり移植はおすすめしません。苗を植えつけるときに、なるべくあとで移植をしないですむように植えつけ場所を決めるのが基本です。

とはいえ、やむをえない事情で移植をすることもあります。生長が旺盛なオリーブは、移植の失敗が少ない果樹のひとつです。

移植の適期は、根や新梢が生長しはじめる前の3月中旬です。植えつけの場合は、細根がある状態の苗を植えるため、真冬や盛夏の時期を除けば比較的いつでも可能ですが、根を切った状態でおこなう移植の場合は、かならず3月中旬頃におこなうことが大切です（図11）。

根回し

10年以上の木は、根回しが必要になります。

オリーブは根が浅く、生長するごとに根を外側に広げていきます。植物は根の先端の細根から養分や水分を吸収するため、年数を重ねたオリーブほど、根元近くの根では水分や養分を吸収していないのです。移植のときは根を全部掘りおこすわけにはいかないので根を切りますが、そのまま移植すると水分や養分が吸収できず、枯れてしまいます。

はみ出した根を切る

そこで、移植の半年前くらいの生長期にあらかじめ根元を掘って一部の根を切り、根元近くの細根の発生を促します。この作業を根回しといいます。

根回しの手順

❶樹冠より一回り内側（幹の中心から幹の直径の4～5倍程度）の円を描き、1m程度掘り下げ、円外にはみ出した根を切る（下部の直根は、やっかいなものを除き切らない）

❷作業後は埋め戻し、風などで倒れないように支柱を立てて固定する

❸移植適期になったら、根元が崩れないようにこもなどで巻いて根鉢

図11　掘り上げと植えつけ

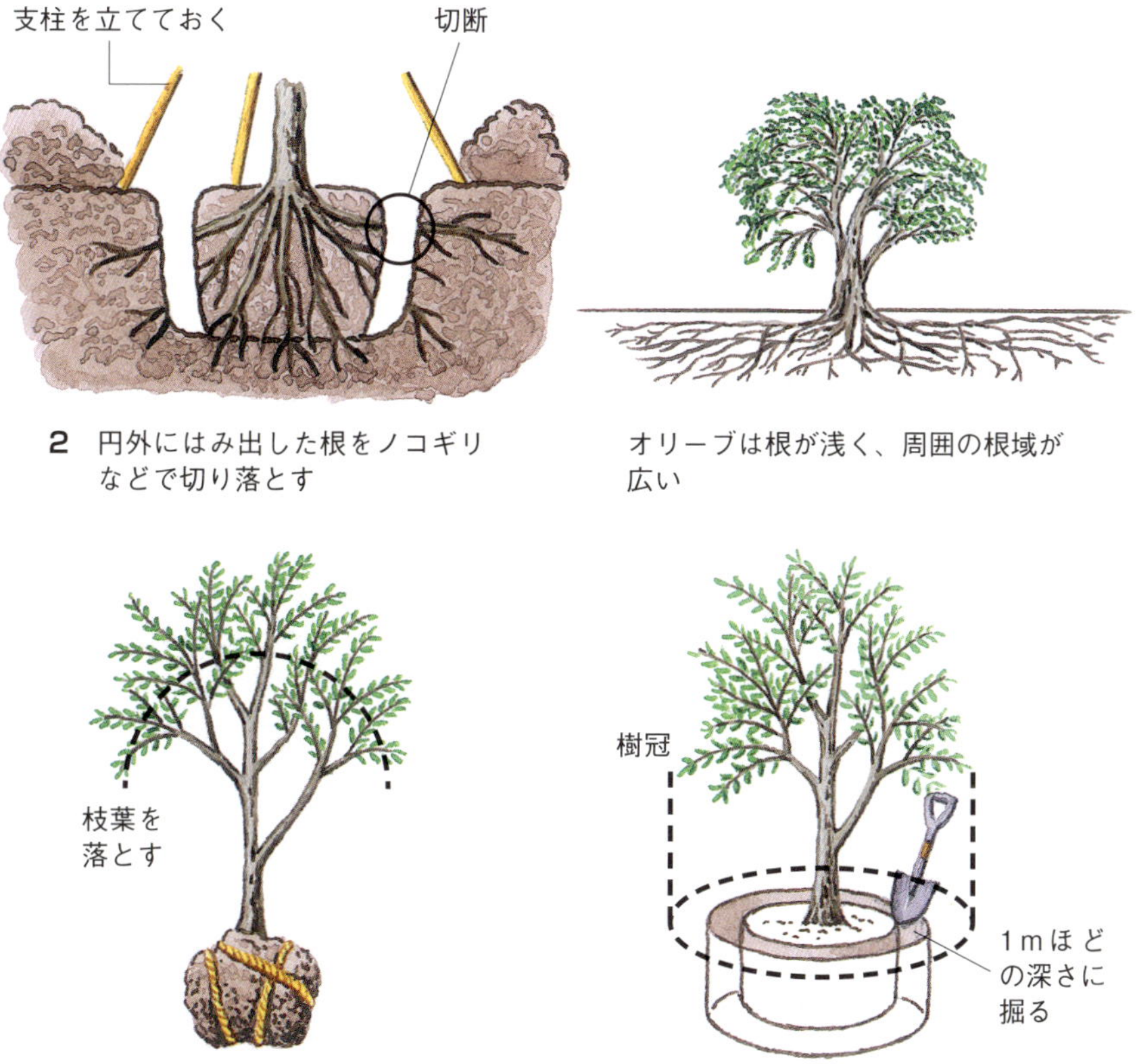

1　樹冠より一回り内側を1mほどの深さに掘る

2　円外にはみ出した根をノコギリなどで切り落とす

3　こもなどにくるんで根鉢にし、移植先に植えつける

オリーブは根が浅く、周囲の根域が広い

にし、新しい植え場所へ移動させる。こもなどで巻くのがむずかしい場合は、前日にしっかりと水を与えておき、根に十分水分が行き渡っている状態にしておく

掘り上げと植えつけ

基本的には苗木の植えつけと同じですが、根鉢が大きいぶんだけ、植え穴も大きく掘る必要があります。

できれば1か月前に、苦土石灰や完熟堆肥などで土づくりをおこなっておきます。根鉢のまま植えつけたあとは、支柱などでしっかりと固定し、根が活着する（1か月程度）までは十分に水を与えます。

なお、根を切ったぶん、水分や養分を吸収しにくくなるので、枝葉の3分の1から半分までを目安として切り落とします。

土壌管理と施肥、水やりの基本

土壌管理の基本

オリーブは、弱アルカリ性で排水性のよい土壌を好みます。植えつけの項で紹介しましたが、植えつけ前に苦土石灰で酸度を調整し、完熟堆肥などで養分と水はけを確保しておくことが基本です。

植えつけてから数年経って土が硬くなっているような場合は、土の通気性や排水性をよくするために、木の周辺を軽く耕し、苦土石灰と完熟堆肥を施用します。

肥料不足のため、
葉が黄変

肥料不足になると

オリーブは土壌環境への適応力が強く、土の栄養分が少なくても簡単に枯れてしまうことはありません。しかし、それはけっして、オリーブにとってよいことではありません。肥料不足のオリーブは、生長が遅くなり、果実もつきにくくなってしまうからです。

葉先が黄色っぽくなっていたら、それは肥料不足の合図です。街中の庭先や店頭などで植えられているオリーブの多くは、肥料不足のように見えます。

施肥の実際

表２　標準施肥量（例）　（単位：g／本）

時期＼樹齢	未結実期（植えつけ後1～3年：100樹/10a）	結実初期（植えつけ後4～9年：100樹/10a）	成木（植えつけ後10年以上：50樹/10a）
春肥（3月中旬）	200	400	1300
夏肥（6月下旬）	100	250	700
秋肥（10月下旬）	100	250	700
合　　計	400	900	2700

注：①窒素：リン酸：カリの割合は、春肥８：５：７、夏肥４：３：４、秋肥４：３：４
　　②前年の結果量、土壌条件、気象条件などによって調節する

表3　苦土石灰施用量の目安　（kg /100㎡）

樹齢区分	未結実期 （植えつけ後1～3年）	結実初期 （同4～9年）	成木 （同10年以上）
苦土石灰施用量	3	4.5	6

表4　pH（H_2O）を6.5にするための炭酸カルシウム施用量（$CaCO_3$）　（kg/100㎡）

石灰施用前のpH（H_2O）	砂質土	壌土	埴壌土	備　考 （土壌の深さを10㎝当たりとする）
4.5	18	26	31	30kg以上の場合は2回に分施
5.5	12	16	20	

肥料は、芽が動きだす3月頃（春肥）、果実が大きく充実しはじめる6月頃（夏肥）、来年の生長の準備のための10月頃（秋肥）に施します。

与える肥料は有機質肥料でも化成肥料でもかまいません。市販の肥料の三要素である窒素・リン酸・カリが等配合されているものが使いやすいでしょう（**表2**）。

オリーブは根が浅く広がりやすい木なので、養分を吸収する細根は、樹冠の外側に多くあります。施肥をするさいは、根元ではなく、木のまわりに広く施用します。

土壌の酸度調整

オリーブは、繰り返しますが弱アルカリ性の土壌を好みます。肥料を十分に与えているのに栄養成分の吸収が悪くなり、葉の黄色化、小型

◆酸度調整用土のつくり方

アルカリ性の苦土石灰

完熟堆肥をのせた土に苦土石灰を加える

完熟堆肥、苦土石灰を混入し、土壌改良に生かす

葉が乾いたり巻いたりしている場合、土にしみ込む程度の水を与える

地植えでは盛夏を除き、とくに定期的な水やりの必要はない

化、新梢の伸長不足がおこったりしているときは、土が酸性化している可能性があります。苦土石灰を適量施用して、土壌の酸度調整をおこないます（**表3**、**表4**）。

家庭栽培の場合、pH5・5〜7・5でよいとされ、経済栽培の場合、pH6・5〜7・5と考えられます。苦土石灰の施用時期はいつでもかまいませんが、オリーブ農園では、2月頃におこなうのが一般的です。

表5　生育と水分不足の影響

時　期	生　育	水不足の影響
2〜6月	花蕾の発達 開花・着果 新梢の生育	花数の減少 不完全花 着果量の減少 隔年結果の助長
6〜7月	細胞分裂による 果実の発達 新梢の生育	果実の肥大阻害 果実の萎凋 新梢の発育阻害
8月	硬核期	後期落果の助長
9月下旬〜収穫	細胞肥大による 果実の発達 新梢の生育	果実の肥大阻害 果実の萎凋 新梢の発育阻害

注：『Olive Production Mannual』より抜粋改変

水やりの基本

オリーブは過湿を嫌います。庭植えの場合、植えつけのあと、活着まではたっぷりと水を与えますが、活着後は自然の雨にまかせておけば十分で、定期的な水やりは必要ありません。かえって、水を与えすぎて過湿状態にしてしまうほうが問題です。過湿状態になると細根が伸びることができず、養分を吸収できなくなってしまいます。

とはいえ、開花期の5〜6月から盛夏にかけての時期の水不足には注意が必要です（**表5**）。葉が乾いて巻いているような状態になっていたら水不足の可能性があるので、土に水がしみ込む程度の水やりをおこないます。

樹形と仕立て方いろいろ

樹形と果実のどちらを重視

生長が旺盛で萌芽力の強いオリーブは、樹形の好みや庭の広さに応じて、いかようにでも樹形を整えられるのが魅力のひとつです。

一方で、オリーブは充実した前年枝に果実がつくので、樹形を整えることを重視して多くの枝を剪定すると、翌年の果実の数はどうしても少なくなってしまいます。

果実を楽しむのか、樹形を楽しむのか、どちらを重視するかで仕立ては変わります。

主枝を３～４本配置した開心自然形

果実を楽しむための樹形

果実を楽しむために重要なことは、翌年に果実をつける枝を残す剪定をすること、樹全体に日当たりや風通しがよいこと、整枝や果実の摘み取りなどの作業がしやすいことなどがあげられます。

果樹園などで果実を生産するためのオリーブには、まだ統一された仕立て方が確立されていませんが、果樹一般として次のような樹形があり、目的に応じて選びます（**図12**）。

主幹を直立させた主幹形

主幹形

主幹がまっすぐに立っている、自然な樹形です。年数が経ち大きく育つと、木の内部への光の入りが悪くなり、また作業も不便になるため、次の変則主幹形へ移行するのが一般的です。

変則主幹形

主幹を2～3ｍの高さで切り、高さを抑えて主枝を3～4本配置する形です。

図12　樹形の仕立て方

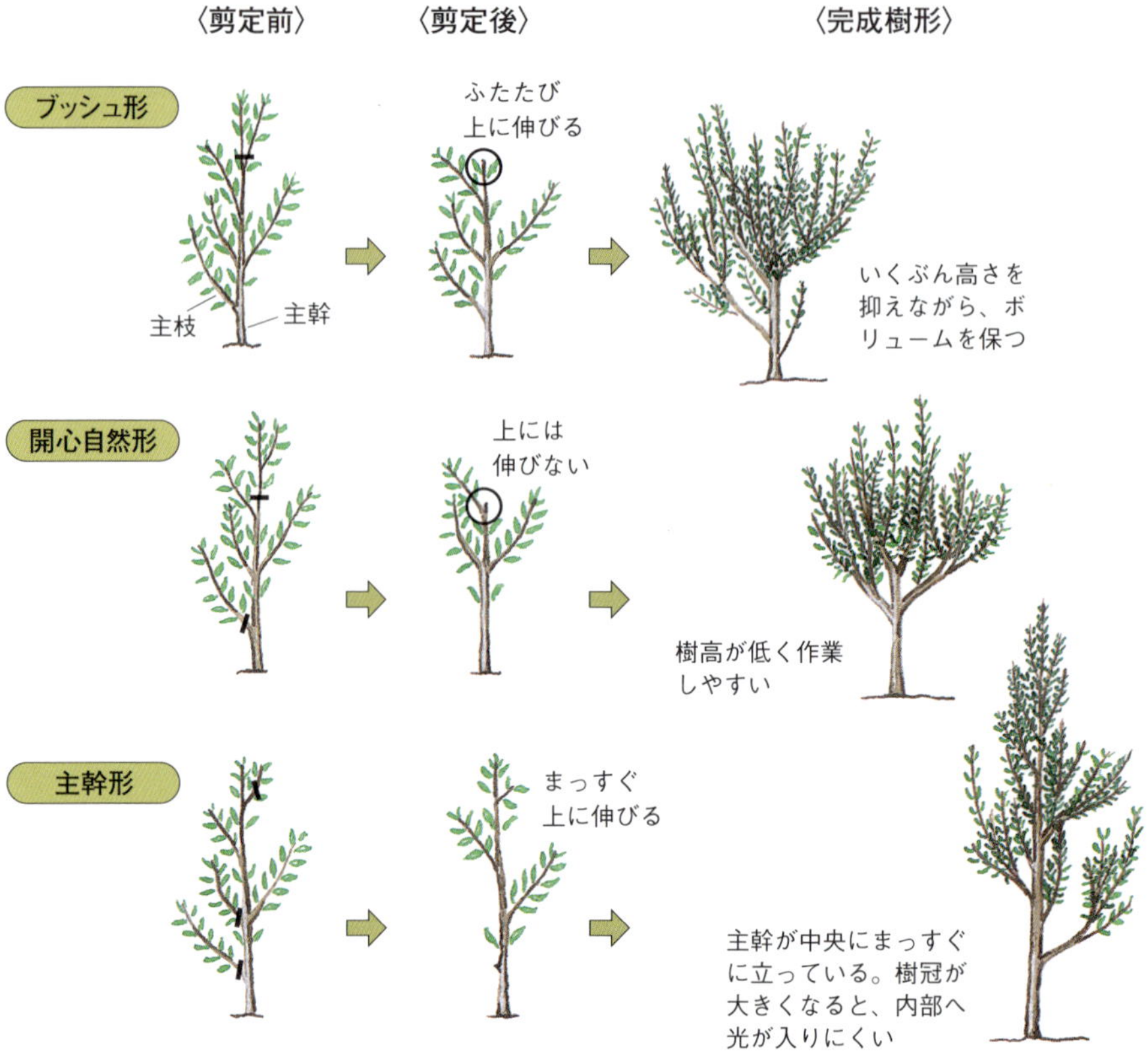

注：『Pruning and training systems for modern olive growing』をもとに加工作成

開心自然形

主幹を40～60㎝にして、主枝を2～3本配置して、斜めに立てて広げていく開張形の樹形です。

幼木～若木の仕立て方

果樹園では、幼木から若木の間に、次のような仕立て方をします。

❶主幹の決定

まっすぐ良好に生長している枝の中から主幹を決め、その主幹の生長のじゃまになりそうな枝（主幹に決めた枝と同じように上に伸びている枝など）を剪定します。

❷下枝の整理

ひこばえ（株元から伸びだした枝）や地際から30㎝以内の枝を剪定します。この作業はあとに作業がしやすくなるだけでなく、病虫害を未然に防ぐことにもつながります。

樹数を増やして刈り込んだ状態の生け垣

③主枝候補枝の決定

のちに主枝となる枝を、主幹からの角度や方向を考慮して決め、それ以外の枝は剪定します。

好みの樹形に仕立てる

庭植えのオリーブには、決められた樹形はありません。果実を取るつもりがなく観賞用とするのなら、どのような形にでも仕立てられます。

オリーブでも品種によって、直立形の性質をもつもの、開張形の性質をもつものがあるので、目的に応じて品種を選ぶとよいでしょう。

玄関へのアプローチとして植栽したオリーブ

シンボルツリー

庭の中でもひときわ目を引くような存在感をもたせたいならば、樹高は抑えずに高めにして、通直な樹形に仕立てます。直立性の品種（ミッションなど）が向きます。

オリーブは造園樹として、モダンな構造物などとの相性のよさもあります。

トピアリー

萌芽力の強いオリーブは、強めに刈り込んで好きな形に造形するトピアリーに仕立てることもできます。その場合は、より萌芽力が強く、葉が込みやすい品種（ネバディロ・ブランコ、ルッカなど）が向きます。

生け垣

トピアリーに向く品種は、樹数を増やして刈り込み、整形することで生け垣、庭垣として配置したり、玄関へのアプローチとして植栽することもできます。

また、玄関脇の小さな空間や目隠し用の仕切りとして必要な本数を植栽してもよいでしょう。

整枝剪定の方法と適期

剪定の必要性

生長力、萌芽力が強いオリーブは、放っておくと枝が込み合ってしまいがちです。樹内部の風通しが悪くなると病虫害の発生につながるおそれが高くなります。また樹内に光が入らないことで、果実のなりも悪くなってしまいます。

樹の健康のためにも、果実をたくさん楽しむためにも、整枝剪定は必須です。好みの樹形をつくり、保つためにも剪定が必要になります。

剪定の程度

最初は枝を切ることをためらってしまうかもしれませんが、萌芽力が強いオリーブは剪定に強く、失敗することはまずありません。思いきって剪定をしてみましょう。

果実を楽しむための樹ならば、葉の量で20～30％くらいまで、果実を楽しむつもりがない観賞用の樹ならば、50％まで減らしてもだいじょうぶです。

間引き剪定と切り返し剪定

剪定には大別して、間引き剪定と切り返し剪定があります（図13）。それぞれに目的が違います。

間引き剪定

枝の基部から取り除く剪定。樹形を変えずに内部を透かすイメージで、樹内の日当たりや風通しをよくするためにおこないます。

切り返し剪定

枝の中ほどから取り除く剪定。この剪定は、残った枝からの新梢の発生を促したり、枝を強く伸長させる作用があるため、結果として残った枝の枝や葉が増えます。

主幹を切って樹高を下げるなど、樹形を変えるような場合も、切り返し剪定になります。

込み合っている枝を切り落とす

図 13　立ち枝、下垂枝の剪定例

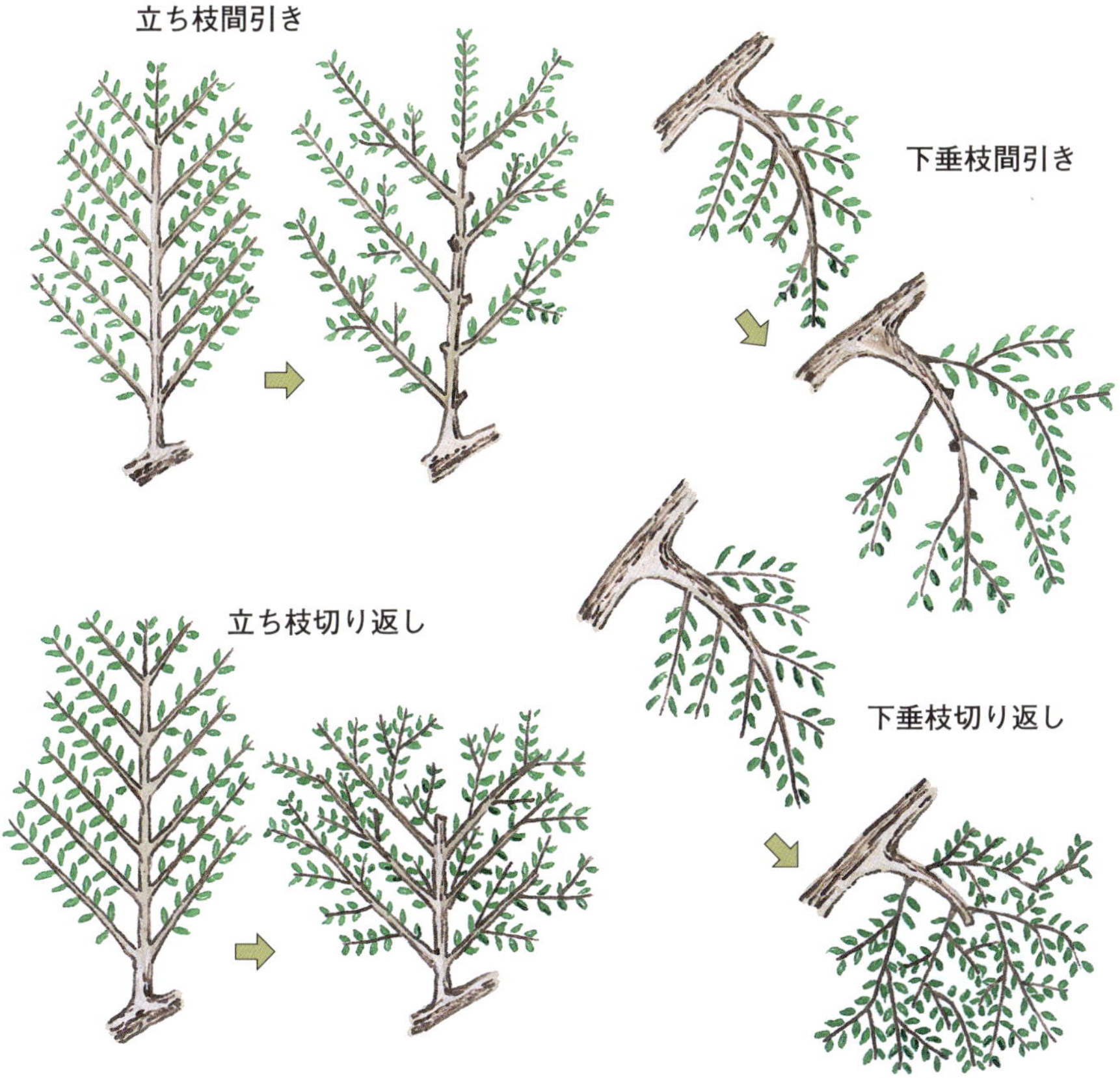

強剪定と弱剪定

剪定対象となる枝によって、強剪定と弱剪定という呼び方で分けることもあります。

強剪定

樹齢が15年以上になったオリーブは樹高が5m以上に育ち、果実の収穫などの管理がしにくくなります。また、樹内の枝葉が密になりすぎて生長が悪くなり、果実の収穫量が減ったり、樹幹が重くなり風で倒れやすくなったりするといった弊害もでてきます。

　主幹を切り詰めて樹高を調節したり、主枝などの太い部分を切って樹形を大きく修正したりする剪定を強剪定といいます。

　整枝のねらいもありますが、樹の若返りをはかるための剪定でもあり、数年に一度程度の頻度でおこないます。

弱剪定

不要な細い枝を払って樹形を整理したり、樹内の日当たりや風通しをよくするために枝葉を除去し、透かすための剪定。基本的には間引き剪定で、毎年おこないます。

剪定の適期

若返り剪定。主枝の太い部分を切って樹形を修正

樹形を整える強剪定は樹に大きなストレスがかかるため、新芽が生長をはじめる前の2月下旬〜3月上旬が適期です。

弱剪定も同様に2月下旬〜3月上旬が適期ですが、4〜5月に伸びてきた枝も、不要な枝があれば剪定します。オリーブは前年の春から夏にかけて伸びた枝に果実をつけますので、5月以降におこなう剪定は、翌年の実つきに影響するので注意が必要です。

いずれの剪定も、病虫害の発生を防ぐために、降雨期は避けます。

弱剪定の基本

弱剪定をおこなうときは、果実をつける前年枝や今年の新梢をできるだけ残しながら、込み合ったところを整理します。樹をとおして、向こうの景色が見えるくらいに透かすと、ちょうどよいでしょう。

次のような枝を整理していきます。これらの枝はすべて、枝の基部から取り除く間引き剪定としておこないます。

・同じ場所から複数出ていて、込み合っている枝は、1〜2本残して間引く

・並行に伸びている枝は、

下向きの枝をつけ根から切除

日当たりのよいほうの枝を残して間引く
・交差している枝は、樹のバランスを考慮して不要なほうを切る
・主幹に向かって内側に伸びている内向枝、下向きに伸びている下垂枝を切る
・親木の根元、地ぎわから生えているひこばえなどの枝を切る
・枯れ枝、病気や害虫の被害枝（障害枝）を切る

図 14　結果枝の切り返し

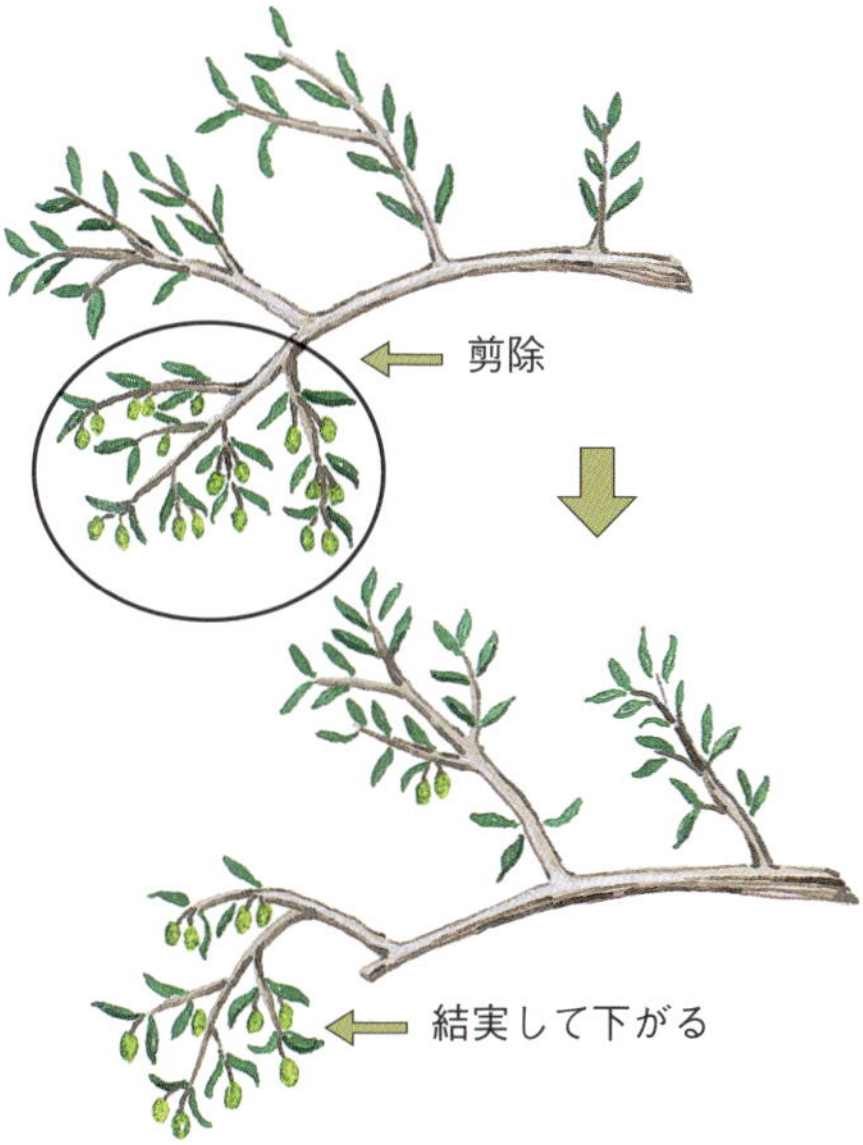

果実を増やすための剪定

オリーブは、前年の春から夏に伸びた枝に果実をつけます。切り返し剪定をこまめにおこない、枝を増やすことで着花量が増え、果実の数も年々増やしていくことができます。

枝を強く伸長させるための切り返し剪定

結果した下垂枝を剪除すると、基部より不定芽（頂芽、腋芽以外の位置にある芽）が伸長し、側枝が更新されていきます（**図14**）。

ただし、あまり切り返し剪定をおこないすぎると、かえって着花量を減らしてしまうことがあるので注意が必要です。生長が旺盛な若木の間は、あまり切り返し剪定はおこなわないほうがよいでしょう。

剪定の道具

強剪定にしても弱剪定にしても、樹皮が剥がれて樹を傷めないように、よく切れる剪定バサミか剪定ノコギリを使います。

強剪定をして大きな切り口ができる場合は、癒合剤を塗布して保護します。

果実の発育と結実管理

オリーブの果実の生長

3月下旬、前年の春から夏に伸びた枝の葉腋にできた混合芽が花芽に分化し、5月中旬頃に花器を完成させます。

5月下旬~6月上旬頃、10~30の乳白色の小花が総状に開花します。開花期間は約6~7日で、その間に受粉、受精します。

受精後は細胞分裂が活発になり、果実は急速に大きくなります。約40日後には外果皮（果皮）、中果皮（果肉）、内果皮（核）ができあがることでオリーブの果実の姿となり、以後は果肉が細胞肥大することによって果実が肥大し、油が生産されます。果肉内での油の生産がもっとも盛んなのは、開花期から60~120日の期間です。

4～5月に花器を完成

乳白色の小花が総状に開花

受粉、受精後に着果

オリーブは実つきが悪い？

2品種以上が必要

一般家庭でオリーブを植えている方には、「オリーブが実つきがよくない」という悩みをもつ人も多いようです。

オリーブは、前にも述べましたが同じ品種の花粉では受精、結実しにくい自家不和合性の品種が多いためです。確実に果実を楽しむためには2種類以上の品種を近くに植える必要があります。1品種だけでは果実をつけにくいことから、雌《し》雄《ゆう》異《い》株《しゅ》（サンショウ、キウイフルーツなど）と誤解されていることもありますが、そうではありません。

果実を楽しむためには、好みの品種とともに、開花期が長く花粉量が多いネバディロ・ブランコなどをいっしょに植えることをすすめます。場所の関係で複数本を植えられない場合は、自家不和合性が弱いルッカなどを選ぶとよいでしょう。そのルッカも、ほかの品種といっしょに植えれば、実つきはさらによくなります。

生理落果は多め

オリーブは開花後、1か月以内に95%以上が生理落果（養分の消耗を防ぐため、果樹が自然に実を落とすこと）してしまいます。この性質も、果実がつきにくい果樹というイメージにつながっているのかもしれません。生理落果は、開花後1か月以降にはおこりません。

残った幼果（ほかはほとんどが生理落果）

肥大しはじめてきた幼果（6月中旬）

結実管理のポイント

剪定

オリーブの果実は前年に伸びた枝につきます。選定時には、果実をつけてもらうための枝と、その枝の生長のじゃまになる枝とを見きわめ、じゃまになる枝だけ取り除くことが大切です。

開花期の雨風の影響

オリーブの花は小さく、雨や風に大変弱い花です。庭植えの場合はむずかしいかもしれませんが、開花期に雨や風が強すぎる場合は、雨よけや風よけの工夫をします。

人工授粉

オリーブは基本的に、花粉を風に媒介してもらう風媒花です。より受粉を確実にするために、人工授粉をしてみてもよいでしょう。

耳かきの梵天の部分で雄しべを軽くなでるようにして花粉をつけ、別の品種の花に花粉を落とすようにして受粉させます。花粉が多く出る午前中におこないます。

摘果

前述したように、オリーブは95%以上が生理落果し、花房のうち果実がつくのは10%未満です。逆にいえば、オリーブの樹からすれば、その程度の数の果実を育てるのが健全であり、それ以上の数の果実がついても、大きくは育ちません。

生理落果後であっても果実が多く残っている場合、果実を大きく育てるために、花房一房につき2～3個を残して摘果（手で摘み取る）をするとよいでしょう。

果実の成熟度と収穫法

成熟度と収穫期

オリーブの果実の用途は、成熟度によって変わり、それぞれに違った魅力を楽しむことができます。目的に応じて成熟度を見きわめて収穫します。成熟度を見分けるには、8段階表示のカラースケールがよく使われています。

成熟度を見きわめ、テーブルオリーブ用として緑果を収穫

果皮が完熟して黒紫色になったブラックオリーブ

果柄をつかみ、親指と人差し指で軽く引いて摘み取る

テーブルオリーブ用果実

新漬けや塩漬けにして果実を食用とするオリーブをテーブルオリーブ用果実といいます。さらにテーブルオリーブ用果実には、新漬けにする緑果（グリーンオリーブ）と、塩漬けにする熟果（ブラックオリーブ＝ライプオリーブ）があります。

グリーンオリーブは、果皮の緑色に黄色みや赤みがかかってきた頃（カラースケールで1～3くらい）に収穫します。収穫期は、9～10月頃になります。

ブラックオリーブは、完熟して果皮が黒紫色になり（カラースケールで7）、果肉も黒くなってから収穫します。収穫期は、10～12月頃になります。

オイル用果実

オリーブの果実は、成熟がすすむほど果肉内のオイル分が多くなります。採油量を重視する場合には成熟度がすすみ、赤紫色から黒紫色になったもの（カラースケールで5～7）をオイル用として収穫します。

完熟した果実の含油率は、品種にもよりますが、15～25％になります。10月下旬頃の果実の含油率は5％程度ですが、近年は、完熟前の果実を搾ったグリーンオイルが、そのさわやかな香りと、適度な苦みや辛みを

８段階の成熟度指数。果皮は左から０濃緑色、１淡緑〜黄色、２ ２分の１以下着色、３ ２分の１以上着色、４以降全着色。果肉の着色具合によって指数が変わる（11頁参照）

もつパンチのある風味で人気です。

オイル用果実の収穫期は、なるべく多く搾油したい場合は11月以降に、グリーンオイルの風味を楽しむならば、搾油量は少なくなりますが完熟前の10月下旬に収穫します。

何年かかけて収穫・搾油していくなかで、好みの味や香りのオイルが搾れる熟度を見つけることも、オリーブ栽培の楽しみの一つです。

◆オリーブ出荷基準プレート

小豆島オリーブ振興協議会作成

収穫の方法

収穫は手摘みでおこないます。手の甲を下にして、果実を手の中にやさしく包みこむようにして親指と人差し指で果柄《かへい》（果実の基部についている細長い柄）の上部をつかみ、軽く引いて傷つけないように収穫します。収穫をするさいは、翌年に果実のなる枝を傷つけないように注意することも大切です。

剪定を兼ねながら収穫（オリーブ園）

産地では脚立を用意し、摘み取ったオリーブを専用の収穫袋に入れます。また、広いオリーブ園では、樹の下にネットを敷き、剪定を兼ねながら総出で大がかりに摘み取ることもあります。

収穫した果実は、温度の高い場所に置くと傷みやすいので涼しい場所に置き、なるべく早く加工します。

果実は残さず収穫する

果実を樹につけたまま、いつまでも残しておくと、それだけ樹の栄養分が取られ、翌年の生育が悪くなってしまいます。果実の収穫は、12月中下旬までには終わらせるようにします。

主な病害虫の症状と対策

オリーブが庭木として育てやすい理由に、ほかの果樹と比べて病気や害虫に強いことがあげられます。とはいえ、まったく病気や害虫がつかないわけではありません。

生活のすぐ近くにある庭植えのオリーブは、果実を食用とするならば、できるだけ薬剤は使いたくないものです。日頃からよく観察し、症状が見られたときは、病害虫の生息密度を少なくする耕種的防除によって速やかに対処しましょう。

オリーブの主な病気

炭疽病

炭疽《たんそ》病は糸状菌（カビ）の一種が侵入することで、葉や枝、果実などに発生する病気です。感染すると黒っぽいツブツブを伴う褐色の病斑ができ、どんどん同心円状に広がっていきます。胞子で伝播するため、症状が出ている枝葉や果実は早めに取り除き、隔離処分します。

予防策としては、樹内の余分な枝を剪定し、風通しをよくすることが有効です。

梢枯病

梢枯病《しょうこびょう》は糸状菌（カビ）の一種が枝の先端に侵入することで、枝先が茶色く変色し、葉が落ちて枯れていく病気です。とくに梅雨時期に多発します。

炭疽病と同じく胞子で伝播するため、症状が出ている枝はすべて切り、隔離処分します。

予防策についても炭疽病と同じく、樹内の余分な枝を剪定し、風通しをよくすることが有効です。

新梢枯死症

炭疽病菌によって発生する病気です。新梢先端の葉や枝が炭疽病菌により枯死し、新梢の先端から枝の基部に向かって枯れこみが進みます。枯れこみがひどい場合は枝全体が枯れる場合があります。樹勢の強い枝や苗木の立ち枝に、梅雨時期や秋雨のときに発生します。

炭疽病が出ないように管理するとともに、発生枝は早めに切り取るようにしましょう。

白紋羽病

一般果樹類の樹木で発生する土壌病害です。根や地ぎわ部に病原菌が入ります。感染してもすぐに症状は

◆主な病気の症状

炭疽病。褐色の病斑が同心円状に広がる

梢枯病。糸状菌の一種が枝先に侵入

炭疽病。果実を黒いツブツブの病斑が覆う

梢枯病。枝先や葉が茶色に変化

オリーブがんしゅ病。枝や幹がこぶ状にふくらむ

梢枯病。枝先が枯れて葉が落ちている

出ませんが、徐々に地上部の勢いが衰え、葉の黄変や落葉、新梢の伸びが悪くなるなど生育がにぶくなり、枯死します。白色扇状の菌糸が根につき、腐敗します。被害根の病原菌が残って次に植えた木へ感染します。

病原菌は未熟な有機物の中で生息するので、未熟な有機物は施用しないようにします。また、発病地では植えつけ前に残根を掘り取るようにしましょう。

オリーブがんしゅ病

細菌の一種が侵入することで、枝や幹がこぶ状にふくらんでしまう病気です。オリーブが栽培されている海外の主産地ではごく一般的な病害ですが、日本では最近発生が発見されました。

症状が出ているこぶ状の部分を取

り除き、隔離処分します。

オリーブの主な害虫

オリーブアナアキゾウムシ

オリーブの天敵ともいえる害虫。体長15㎜ほどの黒褐色の甲虫で、長い口吻《こうふん》が特徴です。冬は株元の樹皮や枯れ枝などで越冬し、平均気温が15℃以上になると活動をはじめ、新梢や若い枝の樹皮を食害します。

また、成虫は樹皮に卵を産みつけ、孵化した幼虫は幹の内側（木質部）を食害します。幼虫はカブトムシの幼虫のような姿で、体長15㎜にまで育ちます。

成虫は見つけたら速やかに捕殺します。幼虫は外からは見えませんが、株元におがくず状の木くずがあったら、幼虫に食害されているサインです。よく株元や樹皮を観察し、穴があいていたりボコボコした部分をマイナスドライバーなどで削り、中にいる幼虫を捕殺します。幼虫は、1匹見つけたら近くに数匹兄弟がいる可能性があるので、よく探してみましょう。

コガネムシ類

コガネムシの成虫は5～9月に出現し、土中に産卵。孵化した幼虫は、体長は1～3㎝で、土の中で根を食害しながら越冬します。ネキリムシと呼ばれることもあります。

庭植えの場合、大きな木であればあまり心配ありませんが、幼木、若木は、根が食害されることで生長不良をおこしてしまいます。株元がグラグラしてきたり葉の色が悪くなってきたら、ネキリムシがいる可能性があります。

成虫、幼虫とも見つけしだい捕殺します。

スズメガ類

体長7～9㎝になる大型のイモムシで、6～10月に発生します。身体の後部に角状の突起があるのが特徴です。旺盛な食欲で、葉を食害します。

株元に黒いコロコロした糞が落ちていたら、スズメガの幼虫に食害されているサインです。枝や葉の間をよく探して捕殺します。

ハマキムシ類

4～11月に発生します。代表的なものはマエアカスカシノメイガの幼虫で、体長1～2㎝です。新芽など枝の先端のやわらかい葉を好んで食害します。多発生時には果実を食害することもあります。

ハマキの名のとおり葉の先を糸で巻き込むのが特徴です。巻き込まれ

◆主な害虫の種類

コガネムシによる根の食害で株元がグラグラしている

モモスズメ成虫

オリーブアナアキゾウムシ成虫

ハマキムシ幼虫。やわらかい葉を好んで食害

マエアカスカシノメイガ成虫

オリーブアナアキゾウムシ幼虫の食入孔

ハマキムシによる被害

コガネムシ幼虫

シモフリスズメ幼虫。葉を食害

た葉や穴のあいた葉を見つけたら、食害されている枝先ごと切って処分します。

コウモリガ類

コウモリガの幼虫は、若木の株元や幹、枝から侵入し、内部を食害するために、葉がしおれて幹や枝が枯れたり、ひどい場合は枯死したりします。

穴のあいた枝や葉を見つけたら、針金などを差し込んで刺殺します。

カミキリムシ類

小豆島ではカミキリムシの被害報告はありませんが、海外ではオリーブを食害するアロミア・ブンギというクビアカツヤカミキリムシの発生が報告されています。

成虫の体長は30㎜前後で光沢のある黒色で、前胸は赤色です。

他の植物の場合、幼虫は4月上中

旬に摂食を開始し、5～6月にもっとも接触活動が盛んになります
成虫を見つけた場合はただちに捕殺します。幼虫の食入孔を見つけた場合は針金などで刺殺します。

カイガラムシ類

体長2㎜程度の小さな虫で、成虫は硬い殻に守られています。枝や葉に寄生して養分を吸収します。

カイガラムシは、硬い殻で守られていることなどから薬剤も効きにくく、一度発生すると防除するのは困難です。主に風通しの悪い場所に寄生するので、できるだけ樹内の風通しをよくしておくことが予防になります。

カイガラムシの付着

虫害を予防するための管理

オリーブアナアキゾウムシ、カミキリムシは株元の樹皮の下や枯れ枝の下などで産卵します。これらの虫害のサインであるおがくず状の木くずも株元で見つかります。またコガネムシは、株元の土に産卵します。

これらのサインを見逃さないよう、また虫の侵入を見逃さないように、株元はなるべくすっきりと保っておくことが大切です。株元の枯れ枝やひこばえはこまめに剪定しておきましょう。また、株元周辺の雑草も取り除いておけば、スズメガの幼虫の糞も見つけやすくなります。ウッドチップなどを株元にまくのも、おすすめできません。


炭疽病などの病害やカイガラムシの被害を予防するためには、適切に剪定をして樹内の風通しをよくしておくことが大切です。

薬剤による防除

ここでは庭先栽培であることを念頭に置き、農薬の使用については多くを触れていません。

しかし、これまで示してきた耕種的防除に取り組んだとしても、薬剤散布をおこなわなければならない場合もあります。

オリーブアナアキゾウムシの家庭園芸用登録農薬は、次の2剤。各地の園芸店やホームセンターなどで入手でき、庭植えや鉢植えに使用することができます。

- ベニカベジフルスプレー
- ベニカ水溶剤

表6　オリーブ果実を利用する場合に使用できる農薬例（抜粋）（平成28年6月22日現在）

農薬名	病害虫名	希釈倍数	使用液量	使用時期	使用回数	使用方法
スミチオン乳剤	オリーブアナアキゾウムシ	50倍	0.3～3L樹	収穫21日前まで	3回以内	樹幹散布
アディオン水和剤	オリーブアナアキゾウムシ	2000倍	200～700L/10a	収穫7日前まで	2回以内	散布
	カメムシ類					
ダントツ水溶剤	オリーブアナアキゾウムシ	2000倍	200～700L/10a	収穫前日まで	2回以内(a)	散布
ベニカ水溶剤	オリーブアナアキゾウムシ	2000倍	200～700ml/㎡	収穫前日まで	2回以内(a)	散布
ベニカベジフルスプレー	オリーブアナアキゾウムシ	原液	－	収穫前日まで	2回以内(a)	散布
バイオセーフ	オリーブアナアキゾウムシ幼虫	2500万頭(約10g)/50L	50L	幼虫発生期	－	樹幹部に薬液が滴るまで散布
デルフィン顆粒水和剤	ハマキムシ類	2000倍	200～700L/10a	発生初期ただし、収穫前日まで	－	散布
	ケムシ類	1000倍	200～700L/10a		－	散布
トップジンMペースト	切り口及び傷口の癒合促進	原液	－	剪定整枝時、病患部削り取り直後、および病枝切除後	3回以内(b)	塗布
トップジンM水和剤	梢枯病	1000倍	200～700L/10a	収穫30日前まで	2回以内(b)	散布
ICボルドー66D	炭疽病	50倍	200～700L/10a	－	－	散布
ペンコゼブ水和剤	炭疽病	600倍	200～700L/10a	収穫90日前まで	2回以内	散布
アミスター10フロアブル	炭疽病	1000倍	200～700L/10a	収穫30日前まで	2回以内	散布

注：使用回数のうち（a）は同一成分のため併せて２回までです。（b）は同一成分のため総使用回数５回（塗布は３回以内、散布は２回以内）です。「果樹類」に登録がある農薬は、同じ対象病害虫の場合には使用できます。同じ成分でも「オリーブ」「果樹類」に登録がない農薬は使用できません。登録内容の変更等がありますので農薬ラベルの適用表や農薬メーカーウェブサイト等で最新の登録内容を確認してください

表7　オリーブ（葉）を利用する場合に使用できる農薬例（抜粋）（平成28年6月22日現在）

農薬名	病害虫名	希釈倍数	使用液量	使用時期	使用回数	使用方法
スミチオン乳剤	オリーブアナアキゾウムシ	50倍	0.3～3L樹	収穫120日前まで	3回以内	樹幹散布
バイオセーフ	オリーブアナアキゾウムシ幼虫	2500万頭(約10g)/50L	50L	幼虫発生期	－	樹幹部に薬液が滴るまで散布
デルフィン顆粒水和剤	ハマキムシ類	2000倍	200～700L/10a	発生初期ただし、収穫前日まで	－	散布
	ケムシ類	1000倍	200～700L/10a		－	散布
トップジンMペースト	切り口及び傷口の癒合促進	原液	－	剪定整枝時、病患部削り取り直後、および病枝切除後	3回以内	塗布
ICボルドー66D	炭疽病	50倍	200～700L/10a	－	－	散布
アミスター10フロアブル	炭疽病	1000倍	200～700L/10a	収穫30日前まで	2回以内	散布

注：「野菜類」に登録がある農薬は、同じ対象病害虫の場合には使用できます。同じ成分でも「オリーブ（葉）」「野菜類」に登録がない農薬は使用できません。登録内容の変更等がありますので農薬ラベルの適用表や農薬メーカーウェブサイト等で最新の登録内容を確認してください

希釈濃度や散布法は薬剤の説明書に詳述してあるので、いかなる場合でも使用法をかならず守るようにします。

経済栽培の場合、病害虫は経営を左右するほど深刻な問題になることもあるため、産地では防除暦を作成し、農薬などによる対策を講じています。参考までに、その一部を紹介します（**表6、表7**）。

ベニカベジフルスプレー（原液）による防除

オリーブ苗木の繁殖方法

果樹の苗木づくりのほとんどは、接ぎ木や挿し木などによっておこなわれています。

萌芽力が強いオリーブは、挿し木で増やすことができます。春先に剪定した枝を使って、苗木の繁殖に挑戦してみるのもよいでしょう。

発根率は品種間で差がありますが、とくにネバディロ・ブランコは発根率が高く、挿し木で増やすのにはおすすめです。

挿し木法による長短

なお、挿し木には太木《ふとき》挿《ざ》しと緑《りょく》枝《し》挿《ざ》し（細枝挿し）があります。

太木挿しは太い枝を使うために、管理が楽で、苗木ができたときにはすでに樹が大きくなっており、のちの生育もよい反面、発根までに時間がかかること、また、挿し木用の太枝の確保が困難であるというデメリットもあります。

緑枝挿しは、少量の細枝からたくさんの挿し穂を準備しやすいので大量生産に向いています。しかし、挿し穂が細く、湿度等環境の影響を受けやすく管理に手間がかかります。

どちらも一長一短がありますが、挿し穂が手に入るようでしたら試してみることをおすすめします。

太木挿し。新芽が伸びはじめる

太木挿しで育てた成木（樹齢20年）

太木挿しの方法

強剪定をおこなったときに発生する直径3～5cm以上、長さ30cm程度の枝を使った挿し木です。枝が乾いてしまわないよう、剪定後になるべく早くおこないます。

太木挿しの手順

❶植木鉢（10号程度の大きさ）の鉢底にネットを敷き、枝の上部が鉢縁から3～5cm出るようにして培養土（オリーブ専用土）を入れる。枝

◆太木挿しのポイント

1　剪定をしたときの枝を用意

2　長さを30㎝程度に切り落とす

3　ポットの7分目を目安に培養土を入れる

4　枝の上部が出るように挿し、培養土を足す

5　水をたっぷり与える

6　表面が乾いたら水を与える

7　上部の切り口に癒合剤を塗布する

の上下を間違わないよう、注意が必要

❷水鉢（ウォータースペース）ができるように鉢縁から2〜3㎝下まで培養土を足す。上部の切り口には癒合剤を塗布しておく

❸鉢底から水が流れ出るまでたっぷりと水を与える

❹日当たりのよい場所に置き、土を乾かさないように水やりをしながら育てていると、2か月〜半年くらいで新芽が出る。新芽が出てもまだ根はしっかりと張っていないので、そのまま動かさないように注意する

なお、挿した鉢で育てるのではなく、発根させたあとにほかに植え替えるのならば、土ではなく調整用土パーライト（真珠石を焼成したもの）を使ったほうが発根率は高くなります。

庭に直接挿す方法

事前に、苗木の植えつけ前におこなうのと同様の土づくりをおこない、枝の上部が2〜3㎝出るようにして埋め込みます。埋め込んだあと、1か月程度はつねにたっぷりと水を与え、土を締めるとともに発根を促します。

緑枝挿しの方法

3月頃に剪定した新芽を挿して苗木を育てる、苗木生産者がおこなっている方法です。太木挿しに比べて発根率が低く、成功させるのはむずかしい面もありますが、やり方自体は簡単なので、試してみましょう。

緑枝挿しによる苗を植え替えて育てる

緑枝挿しの手順

❶鉢底にネットを敷き、培養土（オリーブ専用土、挿し木専用土など）を入れ、十分に水を含ませておく

❷剪定した若い枝の中から元気がよいものを数本選び、枝先15cm程度、葉を4～8枚残して切り口が斜めになるように切る。水を入れた容器に2時間ほど挿して水揚げをする

❸葉が重ならないように間隔を空けて培養土に5cmほど挿す

❹水を入れた鉢皿に鉢をのせたり、ビニールで覆ったりして、つねに土が濡れている状態を保っておくと、2か月程度で発根する

❺発根した苗は、別の鉢や庭に植え替える

なお、挿し床をパーライトにしたり、挿す前に発根促進剤をつけると、発根率は高くなります。

緑枝挿し用の若い枝を採取

実生法

種をまいて育てる方法を実生《みしょう》、または実生法と呼びます。

オリーブの種は外殻が硬く、そのまままいても発芽率はよくありません。吸水性がよくなるように外殻にニッパー（ハサミ道具）などで切れ

◆緑枝挿しのポイント

1　枝先15㎝を目安に切り落とす

2　先端の葉を４～８枚残し、切り口側の葉を落とす

3　緑枝を乾燥させないように水に２時間ほど挿す

4　鉢（挿し床）底にネットを敷き、培養土を入れる

5　水揚げをした緑枝を鉢に挿し込んでいく

6　間隔を空け、５㎝ほどの深さに挿す

めを入れ、種の大きさの３倍程度の深さにまきます。

オリーブの発芽適温は13～14℃。20℃以上になると発芽しにくくなります。３月上旬頃、発芽適温になったらすぐにまきます。まいたあと、２～３か月で発芽します。

ただし、種から育てて果実をつけるようになるまでには、15～20年かかります。さらに庭で取れた果実の種は基本的に交雑しているため、親木と同じような果実がなるとはかぎりません。

実生によるオリーブ樹。果実が取れるまでに育っている

あると便利な道具、資材

植えつけ

シャベル、支柱、ひも、ラベルもしくはタグ、じょうろ、苦土石灰、完熟堆肥、肥料（溶リン）など。

剪定

剪定バサミ（刃渡りは大きいものより、普通の大きさが便利。使い終わったら、刃についた木のアクを水洗いして除去し、乾かしてから油などを薄く塗ったりしてメンテナンスをしておく）、剪定用ノコギリ（太い枝などを切るときに使う。よく切れて扱いやすい大きさのものを選ぶ）、脚立、軍手などの手袋、癒合剤など。

剪定バサミ

剪定用ノコギリ

主産地の収穫袋

脚立

収穫

収穫袋（オリーブ主産地の香川県小豆島などでは、収穫した果実を傷つけず、しかも効率よく作業するため、ショルダー・バッグを採用）、脚立など。

繁殖

培養土（オリーブ専用土、挿し木専用土など）、植木鉢、鉢底ネット、トレー（挿し床）など。

Olive

第３章

鉢植えオリーブの育て方・楽しみ方

蕾がふくらみはじめる

鉢植えオリーブの育て方の特徴

鉢植えにも向くオリーブ

オリーブは剪定に強く、好みの樹高や樹形に整えられます。鉢植えは、庭植えに比べて置き場所のスペースや高さが制限されてしまうことが多いかもしれませんが、オリーブは、どのような場所にもマッチする大きさや樹形に、手軽に整えることができます。

鉢植えにも適しているオリーブ樹

鉢植えの利点

鉢植えは、なんといっても移動させることができるのが利点です。庭植えには適さない寒冷地でも、冬季に屋内に移動させて育てることができます。オリーブの小さな花は風や雨に弱いので、開花期に軒下などに移動させて雨風を避けると、より多くの果実が期待できます。

果実を楽しむためには2品種以上を近くで育てるのが基本です。鉢植えは庭植えよりも小さく育てるため、少ないスペースで数本育てられるのも利点です。

同じような大きさの苗を植えつけた場合、庭植えよりも鉢植えのほうが早く果実をつけやすいというのも、隠れたポイントです。

なるべく室内は避けて

地中海沿岸が原産であることからもわかるとおり、日照量は多ければ多いほどよいので、寒冷地での冬季以外は、室内での栽培は避けます。どうしても室内で育てたい場合は、なるべく日当たりのよい場所を選びます。

鉢を玄関前や前庭などに置くと手入れがしやすい

鉢・コンテナの種類と特徴

鉢の大きさ

オリーブにかぎりませんが、鉢植えに使用する鉢の大きさは、最初は購入した苗の根鉢より一回り大きいものにします。

さらに植え替えのときは現状の鉢よりも一回り大きいものと、ワンサイズずつ大きくしていくのが基本です。それは、植え替えたときに、根が育つ環境を大きく変えず、ストレスを与えないためです。

テラコッタ製の鉢。通気性、排水性がある

陶器製の鉢（底皿付き）。断熱性、排水性がある

陶器製の鉢（底皿付き）。やや浅めだが、自然素材の風合いがある

鉢の種類

さまざまな素材の鉢がありますが、テラコッタ（素焼きの焼き物）かプラスチック製のものが一般的です。好みに合わせて、いろいろな素材や形の鉢を選べるのも、鉢植えの魅力です。

テラコッタ製

通気性と排水性、断熱性にすぐれます。自然素材特有のやわらかな雰囲気も魅力です。

難点としては、大きな鉢植えになるとかなりの重量になること、割れやすいことがあげられます。

プラスチック製

軽量で壊れにくく、値段も手ごろなため、大きな鉢植えにも向きます。家庭果樹用の鉢も出回っており、色や形のデザインが多様なのも魅力です。

あまりにも安いものは、通気性が悪く、発育不良になることもあります。また、熱伝導率が高いため、とくに黒い鉢などは日ざしが強い日に土の温度が上がりすぎ、高温障害をおこすこともあります。そのような場合は、鉢に遮光性のカバーを掛けるなどの対処が必要になります。

スリット鉢

近年は、プラスチック製の鉢で、下部にスリットが入っているスリット鉢が出回るようになっています。

スリットが入ることで、プラスチック製の鉢のデメリットである通気性の悪さを解消し、排水性を高めるだけでなく、スリットから光が入ることで、鉢底で根がとぐろを巻くサークリング現象をおこしにくくする効果があります。

サークリング現象の根は、元気に伸びているように見えますが、実際に養分を吸収する細根は根の先にあるため、細根がすべて鉢底に集中する状態になり、鉢の土の水分や養分を効率よく活用できません。

その点スリット鉢だと、根は光を嫌うため、スリットの近くまでくると先に伸びず、光の当たらないほうに新しい根を分けつさせていきます。その結果、鉢の土にまんべんなく細根が行き渡り、効率よく養分や水分を吸収することができます。

木製

木製の鉢やプランターは、木質系のエコ素材。通気性がよく、また温かみのある雰囲気が魅力です。テラコッタ製などと比べると耐用年数では劣りますが、数年にわたってオリーブを育て続けられます。

木製プランターを自分でつくる場合、まず大きさを決め、板を組み合わせてボックスをつくり、通気性をよくするため底板に多数の穴をあけます。さらにキャスターをつけておくと移動させるのに便利です。

また、木製の風合いを楽しむため、プラスチック製の鉢などのカバーボックスとして用いるのもよいでしょう。

通気性、排水性の高い鉢・コンテナで栽培を楽しみたい

ファイバーストーン製の鉢。軽量仕上げになっている

ファイバーストーン製の高さのあるスクエアプランター

グラスファイバー製の鉢カバー

鉢植え用土の種類と使い方

オリーブに適した土環境

オリーブは土壌に対する適応力が高く、比較的どんな土壌でも育ちやすいほうですが、弱アルカリ性（pHは6・5～7・5）で水はけのよい土壌を好みます。

とくに重要なのが水はけで、オリーブの唯一の弱点は過湿といってもよいほどです。水を与えたときに、一時ウォータースペースに水がたまり、スッと引いていく感じであればよいでしょう。

鉢植えオリーブの用土

最近では、酸性度や水はけを考えて配合されたオリーブ用の培養土が販売されています。こうしたものを購入して使用すれば、問題なく育てられます。

自家配合する場合は、次のような割合で土づくりをします。これも排水性を主に考慮に入れた配合です。

・正土《まさつち》に花崗土や日向土などを混入5
・完熟堆肥4
・ピートモス（寒冷な湿潤地のミズゴケ類が堆積、分解してできた有機物）1

苗が小ぶりで根が弱いときは、鉢の中で安定させるために、砂を1割ほど混ぜ込みます。

正土（田畑の表土の下にある土）に花崗土を７割混ぜたもの

牛糞など３割を入れてつくった完熟堆肥

オリーブ用培養土。花崗土、完熟堆肥、ピートモスなどを混合したもの

必要に応じて天然の川砂を混ぜ込む

適切な置き場所の条件

気象条件

年平均気温が14～16℃の温暖な地域が適地とされています。比較的低温にも強いのですが、マイナス5℃以下の日が長時間続くと枯れてしまうことがあるため、寒冷地では気温によって屋内に取り込むなどの対処が必要となります。

オリーブの果実は、暑すぎる環境が苦手です。照り返しの強いベランダに黒っぽい鉢を置いておくと、土の温度が上がりすぎて高温障害をおこす場合があります。そのような場合は、鉢のまわりを遮光したりして対処することが必要です。

日当たりのよい場所に

オリーブは、年間2000時間以上の日照時間が望ましいとされています。なるべく南向きの日当たりのよいところに置くようにします。

室内で育てるのは推奨できませんが、その必要がある場合は、つねに日が当たる場所を選びます。

風の条件

病虫害を避けるために、風通しがよい場所に置きます。一方で、オリーブの花や果実は強風で落ちやすいため、開花期から果実が熟すまでの期間は、防風対策ができるような工夫をしておくとよいでしょう。

雨の当たらない場所に

オリーブの花は、風だけでなく雨にも弱く、強い雨に当たるとすぐに落ちてしまいます。鉢植えの場合は、必要なときに水やりをすることができるため、あらかじめ雨に当たらない場所に置いたり、開花期に移動できるようにしておきます。

日当たりのよい場所に設置

玄関脇はわりあいに風通しがよく、雨に当たらない

苗木を選んで用意する

直立性の苗木（マンザニロ）

苗木の選び方

苗木には庭植えのところで解説したようにポット苗、掘り上げ苗、大苗などがありますが、選び方は庭植え用と変わることはありません。

品種がはっきりと示されている苗木を選びます。とくに果実を楽しみたい場合は、自家不結実性の強弱や、果実の特徴などを考慮して、品種を確認することが大切です。

将来的にどのような形にしたいかを考え、それに近い形の苗木を選ぶと、のちの手入れが楽になります。

いずれの場合でも、健康に見える苗木を選ぶことが大切です。枝が太くて節間が狭いもの、葉色が濃いもの、根鉢がよく張っているものを選ぶとよいでしょう。

狭い場所で楽しむために

とくに鉢植えに向く品種、向かない品種というものはありません。あえていうならば、生長の早いルッカは、かぎられたスペースに収めようとすると、管理が大変かもしれませんが、それでもきちんと剪定をすれば問題ありません。

一品種だけでは果実をつけにくい自家不結実性の高いオリーブは、果実を楽しむためには2品種以上を近くで栽培することが基本です。

狭いスペースでも果実を楽しめるようにと、あらかじめ一鉢に2品種を寄せ植えしてある商品もあります。品種間で生長の差があるため、どちらかが優勢になってしまわないように適切に管理する必要がありますが、ベランダなどのかぎられたスペースで果実を楽しむには、こうしたものを選ぶことも考えられます。

また、最近は接ぎ木の技術により、1本の樹に2品種の枝がついている苗木も開発されています。まだ一般に流通する段階にはいたっていませんが、いずれそのような苗木も出回るようになるでしょう。

鉢への植えつけ方

植えつけ時期

ポット苗の場合は、盛夏や厳冬期でなければ、いつでも植えつけが可能です。庭や園地に植えつけるのと同じく、一般的には春植えと秋植えがあります。根や新梢が生長しはじめる前の春植え（2～4月）が最適といわれます。

左から鉢、支柱、用土、苗木、鉢底ネット、麻ひも、鉢底石

用意するもの

- 苗木
- 鉢（苗木のポットよりも一回り大きいもの）
- 用土（オリーブ用培養土など）
- 土入れ
- 鉢底ネット
- 鉢底石（パーライト大粒など）
- 支柱と麻ひも（結束バンド）

植えつけの手順

❶鉢底にネットを敷き、鉢底石を3～5cmの高さまで入れる

❷一度ポットのまま鉢に入れ、鉢の縁から2cmくらいのウォータースペースができる高さになるよう、苗木を置く高さまで用土を入れる

❸苗木をポットから抜き、なるべく根鉢を崩さないようにして鉢のまん中に置き、まわりにまんべんなく用土を足す

❹苗木の根鉢のまわりに手を差し

日向土

バーク堆肥

鉢用土として赤玉土３割、鹿沼土３割に日向土３割を加え、バーク堆肥もしくは腐葉土１割を入れて混ぜてもよい

◆植えつけのポイント

1　鉢底にネットを置き、鉢底石を入れる

2　鉢底石の上に土を軽く入れる

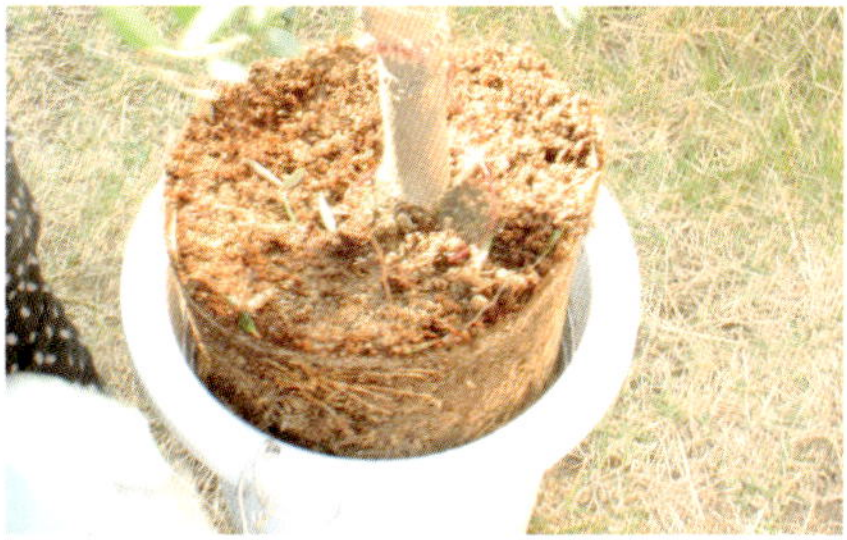

3　オリーブ樹をポットから引き抜く

4　鉢の中央に据えて深さを調整する

5　深さ、位置を決めたら土を入れる

6　支柱をさし込んで麻ひもで結ぶ

込みながら、土の隙間がないように整える

❺ウォータースペースができる高さまで土を入れ、表面をならす。このとき、苗木の地上部が埋まってしまわないように注意

❻株元から少し離して支柱を立て、麻ひもで誘引し、苗がぐらつかないように固定する

❼鉢底から水が流れ出るまでたっぷりと水やりをする。活着するまで、約1か月はたっぷりと水やりをおこなう

鉢底から水がしみ出るまで水をたっぷり与える

鉢植えの植え替えのコツ

3年に1度が目安

植物が育つのにもっとも大切なのは、水分や養分を吸収する働きをもつ根。自由に根を伸ばしていくことができる庭植えと違い、かぎられた土環境の鉢では、数年で根が詰まってしまい、生長が悪くなります。目安として3年に1度は植え替えて、根をリフレッシュさせましょう。

また、鉢底穴から根が出てきていたり、土の表面に根が浮いていたり、土が硬くなっていたら、鉢の中で根が詰まっている証拠です、そのような状態になっていたら、すぐにでも植え替えが必要です。

鉢用土を用意する

一回り大きな鉢の底にネットを敷く

鉢底に日向土を入れる

植え替えの手順

❶現状の鉢よりも一回り大きな鉢を用意する

❷株元をつかんで、鉢から樹を引き抜く。抜けにくい場合は、フォークなどで鉢と土の間に隙間をつくってやると引き抜きやすくなる

❸根鉢の肩から硬くなった土をほぐしながら落とし、やさしく根をほぐす。このとき、ある程度根を切っておくと、新しい根が出やすくなる

❹植えつけと同じ要領で、新しい鉢に植える。このときも、しっかりと新しい根を張ってもらうために支柱などで樹を固定することと、植え替え後1か月程度はたっぷりと水やりをおこなう

植え替えの時期

根や新梢が生長しはじめる前（3月中旬まで）におこないます。

◆植え替えのポイント

1　引き抜いた根鉢の根を切り落とす

2　根鉢を竹べらなどでほぐす

3　苗木を入れ、深さを調整する

4　苗木のまわりに土を加える

5　竹べらなどで押して土を隅々まで入れる

6　植え替えを終える

7　水を十分に与える

購入した苗の植えつけの場合は、基本的にポット苗の根鉢を壊さずに植えつけるため、根にストレスがなく、盛夏や厳冬期でなければいつでも植えつけが可能です。一方、植え替えの場合は、どうしても根にストレスを与えてしまうので、根の生長がはじまる前に植え替えを終えることが大切です。

鉢の表面に吸湿性、通気性にすぐれたバークチップを敷く

水やりと施肥のポイント

水やりの基本

土が乾いたらたっぷりと与えるというのが、水やりの基本的な考え方です。目安としては、春・秋は1日1回、夏は1日2回、冬は2～3日に1回、水やりをおこないます。

夏場の水やりは、水温が上がりすぎてしまうことを防ぐために日中は避け、朝と夕方に与えます。

鉢植え樹には定期的な水やりが必要

土を乾かすことも重要

鉢というかぎられたスペースの土環境で育つオリーブにとって、基本的に1日1回の水やりをおこなわないと、その木が育つための水の量をまかなうことはできません。

夏場は朝夕2回の水やりが欠かせない

しかし、一方でオリーブは過湿が最大の弱点です。鉢植えの場合は、つい習慣的に水をたっぷりと与えてしまいがちですが、それがオリーブにとって大きなストレスになることもあります。

とくに春先などは、土の表面が乾いているように見えても内部は十分に水分が含まれていることがあり、その状態で水を与えると過湿によって根腐れをおこしてしまうおそれも

水やり

粒状の肥料を四隅に施す

あります。

植物の細根は、土が乾いた状態のときに伸びるので、果実は、いかに土が乾いた状態をつくりだすかが重要です。過湿を嫌うオリーブは、とくにそうしたことを心がけることが大切です。

樹が弱っているように見えるとき、土が湿っている状態ならば、2～3日水やりを控えることで元気を取り戻すこともあります。

土の乾かし具合は、その鉢植えの環境によって異なるため、一概にはいえません。簡単に枯れることはないオリーブ樹とはいえ、トライ&エラーを繰り返しながら、経験の中でベストな土の水分の状態を探ってみてください。鉢を持ち上げて、重さから土の水分の具合を確かめるといったことも、ひとつの方法です。

施肥の基本

液肥入りチューブをさし込む

肥料は、芽が動きだす3月頃（春肥）、果実が大きく充実しはじめる6月頃（夏肥）、来年の生長の準備のための10月頃（秋肥）に施します。

与える肥料は、有機肥料でも化成肥料でもかまいません、市販の窒素・リン酸・カリが等配合されている肥料が使いやすいでしょう。

また、土の酸度調整のために、苦土石灰を年に3回程度施します。

肥料不足になりやすい鉢植え

鉢というかぎられたスペースの土環境で、かつオリーブの好む排水性のよい土にしている場合は、とくに水を与えるごとに肥料分はドンドンと抜けていってしまいます。

そのため世間で鉢植えオリーブを見ると、そのほとんどが肥料不足に陥っているように見えます。葉先が黄色っぽくなっていたら、それは肥料不足の合図です。

鉢植え樹の仕立て方と剪定

剪定の基本

庭植えも鉢植えも、剪定の基本的な考え方は同様です。

剪定の適期

基本的には新芽が生長をはじめる前の2月下旬～3月上旬が適期ですが、気になるような枝が目についた場合は、適時剪定をします。

剪定の程度

果実を楽しむための樹ならば葉の量で20～30％くらいまで、果実を楽しむつもりがない観賞用の樹ならば50％まで減らしてもだいじょうぶです。樹をとおして向こう側が見えるくらいに剪定します。

対象となる枝

・同じ場所から複数伸び、込み合ってくることが想定される枝

・同じ方向に平行に伸びているような枝

・交差している枝

・主幹に向かって伸びている内向枝や下向きに伸びている下垂枝

込み合うところを切る

内向枝を切除

地ぎわから生えている枝を切る

◆玉仕立ての例

剪定前。樹冠全体を丸く刈り込む

剪定後の丸く仕立てた状態

図15　鉢植え樹の主な仕立て方

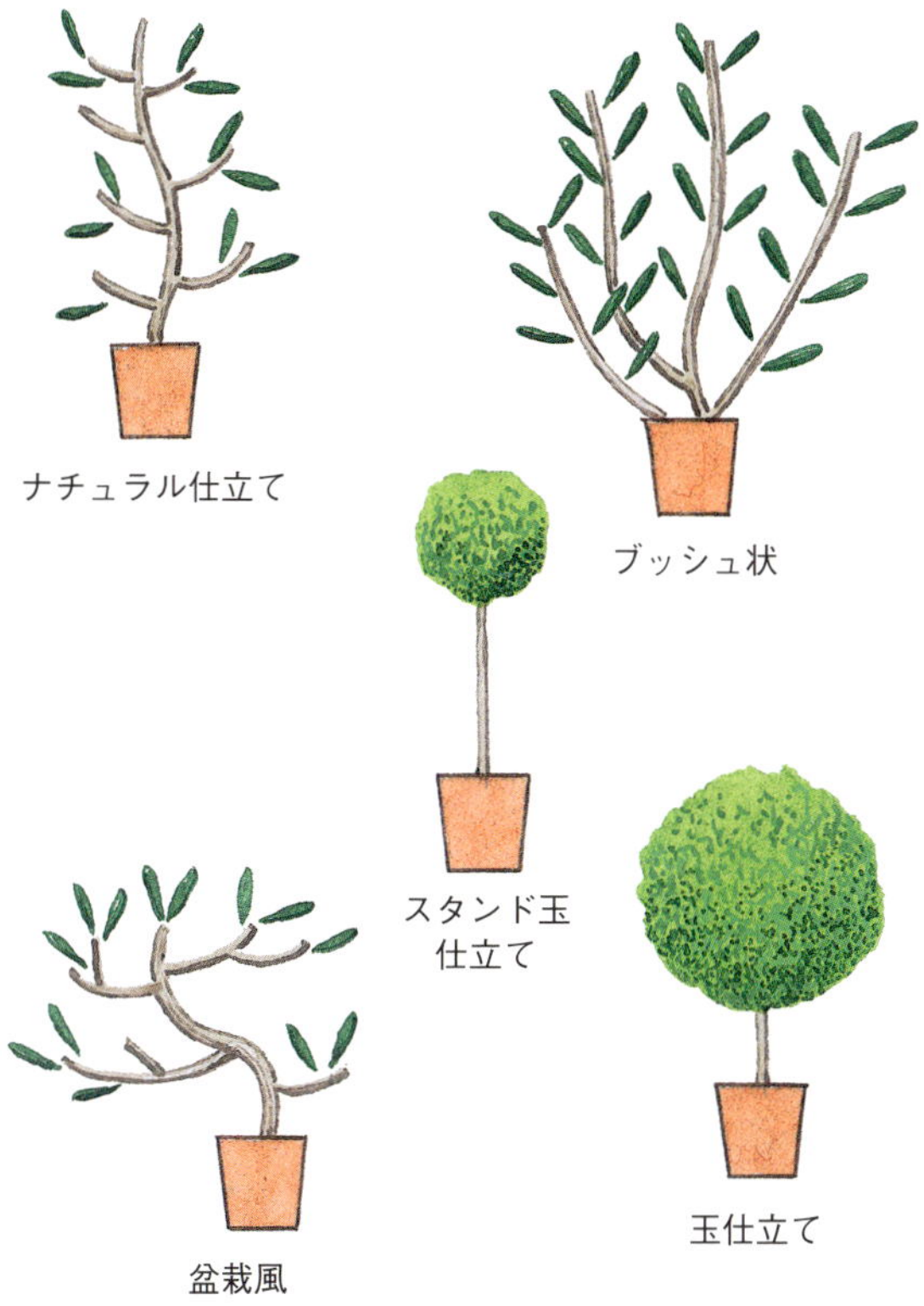

注：「オリーブ通信」（創樹）をもとに加工作成

◆直立形の剪定例

剪定前。広がりすぎている

剪定後。すっきり整えられている

・親木の根元、地ぎわから生えて生長を妨げている枝
・枯れ枝、病害虫の被害枝

好みの樹形に仕立てる剪定

スペースがかぎられた中で育てる鉢植えにとって、庭植え以上に仕立て方や剪定が重要になります。

植えつけ時から将来の樹形をイメージした剪定をしておくと、好みの樹形に育ちやすくなります。同じ苗木でも、仕立て方によって将来の樹形が変わってきます（**図15**）。

収穫向きの樹形

果実をたくさんつけてもらうためには、高さを抑え、横に張りだした枝を増やしたほうが有利です。主幹を好みの高さで切って、主幹から斜めに張りだす主枝がメインとなるようにすると、こんもりとした樹形に

開張性の樹形（ルッカ）

盆栽仕立て（ミッションの６年生）

直立性の樹形（シプレッシーノ）

小鉢のオリーブ（挿し木による）

スタンド玉仕立て

仕上がります。

高さを出すスリムな樹形

主幹を切らず、主枝を間引くような剪定をすると、主幹が上へ伸びるスリムな樹形に仕上がります。

株元をすっきりさせる

庭植えと同様、株元にむだな枝や枯れ枝があり、込み合った状態になっていると、害虫がつきやすくなります。予防のためにも、とくに株元はすっきりと整理しておくことが大切です。

また、鉢植えの場合、寄せ植えなどで株元に別の植物を植えたり、なにか装飾的なものを置いたりすることがあるかもしれませんが、病害虫の予防の観点からすれば、あまりおすすめできません。

鉢植え樹の結実管理

果実を取るための管理についても、庭植えと鉢植えでとくに大きな違いはありません。

結実管理の基本

2品種以上が必要

確実に果実を楽しむためには、2種類以上の品種を近くに植える必要があります。受粉樹としては庭植えの場合と同様に、開花期が長く花粉量の多いネバディロ・ブランコをいっしょに植えることをすすめます。場所の関係で複数本を植えられない場合は、自家不和合性が比較的弱いルッカなどを選びます。

剪定

オリーブ樹は生育旺盛で、果実は前年に伸びた枝につきます。剪定時には、果実をつけてもらうための枝と、その枝の生長のじゃまになる枝とを見きわめ、じゃまになる枝だけ取り除くことが大切です。

開花期の雨風の影響

オリーブの花は小さく、雨や風に大変弱い花です。開花期に雨や風が強すぎる場合は、鉢を雨風からよけられる軒下などに移動させます。

人工授粉と摘果

人工授粉

より受粉を確実にするために、人工授粉をする場合もあります。耳かきの梵天の部分でおしべを軽くなでるようにして花粉をつけ、別の品種の花に花粉を落とすようにして授粉させます。花粉が多く出る午前中におこないます。

摘果

果実を大きく育てるためには、花房一房につき2～3個を残して摘果をします。

複数の鉢を置き、果実も収穫する

玉仕立て風のモダンな植栽

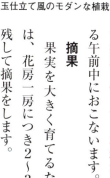

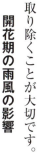

鉢植え樹の観賞と収穫の楽しみ

鉢植えオリーブの楽しみ方は、とくに庭植えオリーブと変わることはありませんが、鉢植えならではの楽しみ方もあります。

観賞の楽しみ

庭植えと比べて鉢植えの最大の利点は、その時々で必要な場所に移動できるフットワークの軽さです。そのことは、雨風がきついときに軒先などに移動させるとか、寒冷地で冬季に家の中に取り込めるといった管理の面だけではなく、観賞の面からもいえるでしょう。

たとえば、クリスマスシーズンに好きな場所に移動させて、クリスマスツリーの代わりとして飾りや電飾を施したりします。

人目を引く入口前の鉢植え（東京都新宿区）

オリーブの盆栽

生命力が強く、めったなことをしても簡単には枯れないオリーブは、手軽にはじめられる盆栽素材としても注目されています。

販売されているオリーブの盆栽を購入するのもよいし、太木挿しや緑枝挿しなどで繁殖させた苗木を、盆栽として手をかけて育てていくのも楽しいものです。

収穫の楽しみ

庭植えに比べると鉢植えのオリーブは、かぎられた土環境に育てるということもあり、水やりや施肥などをこまめにおこなう必要があります。しかしそれは、しっかりと目をかけて育てることにつながります。もちろん結実管理も同様です。

収穫量そのものは、庭植えのオリーブにおよばないかもしれません。それでも、より手間ひまをかけて育てたオリーブが果実をならせたときの喜びは格別です。好みの利用法に合った時期を見きわめて収穫し、有効に生かしましょう。

Olive

第４章

オリーブの利用加工と食べ方

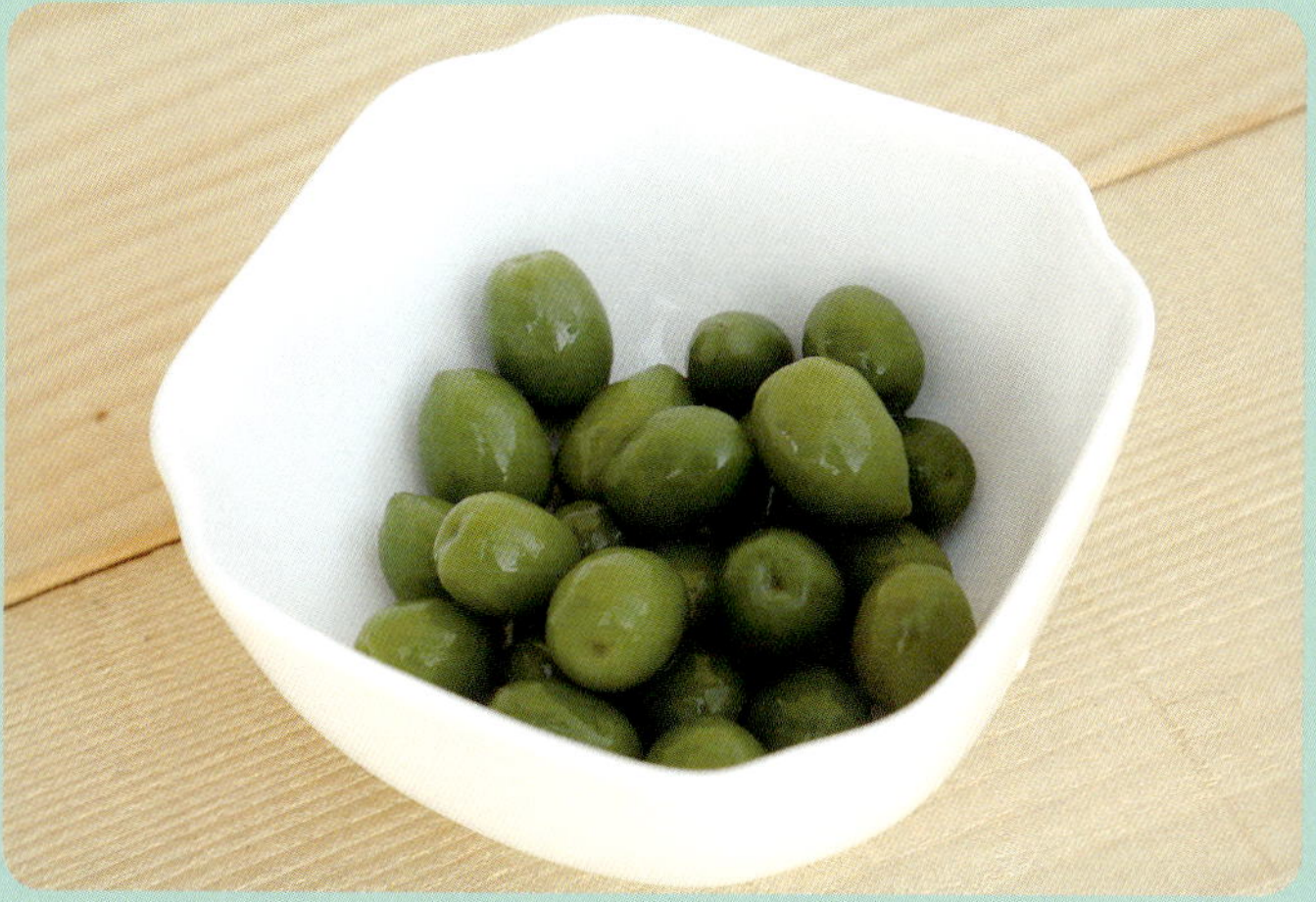

みずみずしい緑果の新漬け

グリーンオリーブの新漬けのつくり方

抗酸化作用のある成分

オリーブの果実には渋みがあります。その正体は、オレウロペインというポリフェノールの一種。オレウロペインはオリーブの果実だけではなく葉にも多く含まれており、そのためオリーブは比較的害虫による被害が少ないのです。

渋抜き後のグリーンオリーブの新漬け

オレウロペインは抗酸化作用があるとされ、サプリメントなどにもされる成分なのですが、残念ながらそのままでは渋すぎて食べられません。食用とするには、渋抜きをする必要があります。

オリーブの果実には、第1章でも述べたようにオレウロペインのほかにも、抗酸化作用をもつビタミンEやβカロチン、オレイン酸など、天然の有効成分が豊富です。収穫したオリーブの果実は、渋抜きをして、おいしく食べましょう。

まずは、みずみずしいグリーンオリーブの渋を抜いて塩水に漬ける新漬けの方法を紹介します。

水で渋抜きする方法

商業ベースでつくられている新漬けは苛性ソーダ（水酸化ナトリウム）を使用して渋抜きをする方法が一般的ですが（後述）、苛性ソーダや、廃液の処理に使用する酢酸は取り扱いに注意が必要で、家庭向きとはいえません。

簡単で安全な方法は、水を使った渋抜きです（**図16**）。少々時間はかかりますが、海外のオリーブ主産地の家庭ではもっともポピュラーな方法です。

材料と資材・用具

収穫したオリーブの果実（果皮の緑色に黄色みや赤みがかかってきた頃の果実、カラースケールで1～3くらい）、水、ボウル、ナイフ、密封できる容器（タッパーやペットボ

トルでも可）、塩

つくり方

❶収穫した果実を選別し、傷や病気のあるものを取り除く

❷ボウルに入れ、果実を傷つけないようにやさしく水洗いする

❸ナイフで種に当たるまで深めに切れ目を入れる。2～3か所でOK

❹ペットボトルなどの容器に果実を入れ、果実がかぶるまで水を注いで浸し、冷蔵庫の野菜室に保存する

❺水が濁らなくなるまで、毎日水を替える。2～3週間程度で渋が抜け、水が濁らなくなる

❻渋が抜けたら、3％程度の塩水に変え、冷蔵庫の野菜室に保存する

❼塩水に漬けて10日過ぎから食べられるようになる

メモ

長く保存したい場合は、塩水を5～7％にして、食べるときに塩抜きします。また、塩水に漬けるときに好みのハーブやスパイス（タイム、ローズマリー、ニンニク、トウガラシ、クミンシード、ガラムマサラなど）をいっしょに漬けこむと、風味豊かになります。

図16　新漬けのつくり方

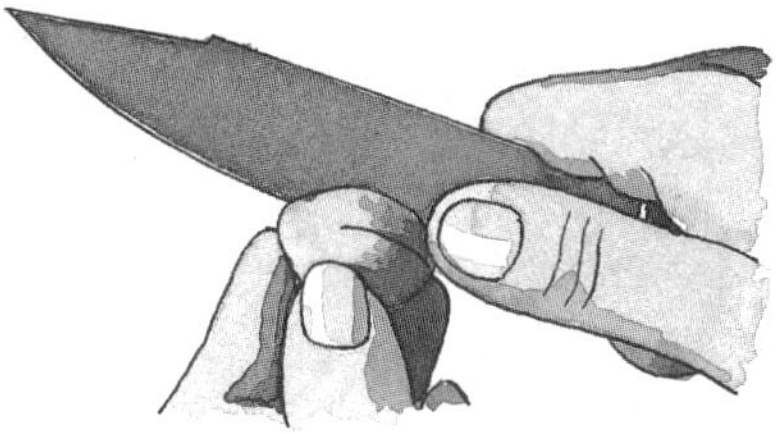

1　ナイフで種に当たるまで2～3か所の切り目を入れる

2　器に水を入れ、冷蔵庫野菜室で保存。透明になるまで毎日、水を替え続ける

3　少々時間はかかるが、いくぶん渋の残った風味も楽しめる。海外のオリーブ生産地では、塩抜き法や乳酸発酵法など多くの加工法がある

苛性ソーダを使用する方法

苛性ソーダは薬局でしか購入できない薬剤であり、取り扱いには十分な注意が必要です（メモ参照）が、短時間で渋が抜けるため、オリーブ本来の旨みや歯ごたえを楽しむことができます。

材料と資材・用具

収穫したオリーブの果実（果皮の緑色に黄色みや赤みがかかってきた頃の果実、カラースケールで1～3くらい）、ボウル、ガラスかポリ製

の容器（入れる水の量の5倍程度が入る大きさのもの。金属製は苛性ソーダによって腐食し、穴があくので不可）、落としぶた、苛性ソーダ、苛性ソーダが素肌や目や口に触れるのを防ぐもの（ゴム手袋、防護メガネ、マスク、長袖の服）、ホース、塩、密封容器

つくり方

❶収穫した果実を選別し、傷や病気のあるものを取り除く

❷選別した果実の重さをはかる

❸ボウルに入れ、果実を傷つけないようにやさしく水洗いする

◆新漬けづくりのポイント（苛性ソーダ使用）

原料となるグリーンオリーブ

1　水に溶かした苛性ソーダに果実を入れる

2　落としぶたをして、6～15時間置く

3 渋抜き後、濁った液を捨て、水替えを繰り返す

4　塩を入れて漬け込む

5　新漬けのできあがり

❹②ではかった果実の重さと同量の水を容器に入れ、次に2％の濃度になるように苛性ソーダをはかり、水に溶かす。水と反応すると泡立ち熱をもつが、反応がおさまるまで待つ。苛性ソーダに水を注ぐと、激しく反応して爆発的に高熱を発するので、水に苛性ソーダを溶かし入れるという順番はかならず守ること。また換気のよい場所でおこなうこと

❺3～6時間後、溶液の熱が下がったら、ゴム手袋をして溶液が肌に触れないように気をつけながら果実を静かに入れる

❻果実が浮かないように落としぶたをし、6～15時間置く。気温が高かったり、果実が小さかったり、やわらかかったりする場合は早くなり、逆の場合は長くなる。果肉が茶色に変わったら渋が抜けたサイン

オリーブの新漬け製品

❼渋が十分に抜けたら、黒く濁った液を捨てる。この廃液の処理にも注意が必要（メモ参照）
❽ホースを容器の底まで差し入れ、水を流し入れて水替えをする。果実が空気に触れると色が黒ずんでしまうので、落としぶたをしたまま水をあふれさせるようにする。この作業を1日3回（朝、昼、夕）、3日間繰り返す
❾黒い水が出なくなったら、苛性ソーダが抜けたサイン。オリーブの果実と同量の水を入れ、1％の濃度になるように塩を加え、漬け込む。翌日、水が濁っていたら水を替え、あらためて1％の塩水で漬け込む
❿水が濁らなくなったら、水替えをして1％ずつ塩分濃度を上げていく。すぐに食べるならば3％程度、長期保存するならば5％程度が目安
⓫消毒した密封容器に入れて冷蔵庫で保存する。2～3日後から食べられる

メモ

劇薬扱いとされている苛性ソーダは薬局で購入できますが、購入時には身分証明書と印鑑が必要で、食品添加物の苛性ソーダを求めます。

　苛性ソーダが肌に触れるとやけどのような症状を、飛沫《しぶき》が目や口に入ると粘膜が炎症をおこします。かならずゴム手袋や防護メガネ、マスク、長袖の服などで皮膚を守り、換気のよい場所で作業をおこなってください。万が一触れた場合は、すぐに流水で洗い流し、医療機関を受診してください。

　渋抜きあとの廃液は強アルカリ性のため、そのまま流すと、浄化槽や下水施設に悪影響があるおそれがあり、環境にもよくありません。そのため、廃液はポリ容器などに入れて中和処理をしてから流します。

　中和処理は、入手しやすい日本薬局方の30％酢酸を使うとよいでしょう。廃液1ℓにつき酢酸24mℓ程度を用意し、廃液に静かに少しずつ加え、よく混ぜます。pH試験紙などで確認しながらこの作業を繰り返し、pHが5～9の範囲になったら、水で10～20倍に薄めて流します。

ブラックオリーブの塩漬けのつくり方

完熟させたブラックオリーブは渋が少ないため、塩だけで渋抜きをすることができます。

油分たっぷりのブラックオリーブの塩漬けは、ワインのお供に最適です。もちろん、抗酸化作用をもつビタミンEやβカロチン、オレイン酸など、有効成分も豊富です。

塩漬けのつくり方

材料と資材・用具

オリーブの果実（完熟のもの）、ボウル、粗塩、密封できる容器

つくり方

❶収穫した果実を選別し、傷や病気のあるものを取り除く

❷選別した果実の重さをはかる

❸ボウルに入れ、果実を傷つけないようにやさしく水洗いする

❹密封容器の中で、果実の重さの10％程度の粗塩をまぶす

❺そのまま冷蔵庫に入れ、1か月ほど置くと渋が抜けて食べごろに。食べるときは好みの塩加減になるように塩抜きする

メモ

あらかじめ種を抜く、あるいはナイフなどで実に切り目を入れてから塩漬けすると、早めに食べ頃になります。

密封容器に入れて保存するときに、ストッキングタイプの水切りネットなどを使って果実が底に触れないようにしておくと、果実から出た渋を含んだ汁に触れて渋が戻ることがないので、おすすめです。

ブラックオリーブの塩漬け

甘味料漬けも美味

渋の少ないブラックオリーブは、メープルシロップやハチミツなどの甘味料に漬けても食べられます。ほろ苦さと甘みが絶妙な、大人向けのデザートになります。ペースト状にして、ヨーグルトやアイスクリームにトッピングしてもよいでしょう。

ほんの数粒からでもつくれますので、甘味料漬けにもぜひチャレンジしてみてください。

オリーブ漬けを食べるときの下ごしらえ

オリーブ漬けの種を抜く

グリーンオリーブの新漬けやブラックオリーブの塩漬け、オイル漬けは、オードブルなどに向いていいます。小梅のカリカリ漬け、熟したナツメ果実のように、口中で種つきのまま賞味するのも一興です。

しかし、オリーブ漬けを料理に生かすとなると、あらかじめ種を抜かなければなりません。いろいろなタイプの種抜き器が出回っており、キッチンツールの販売店やホームセンターなどで求めることができます。もちろん、インターネットを利用しての取り寄せも可能です。

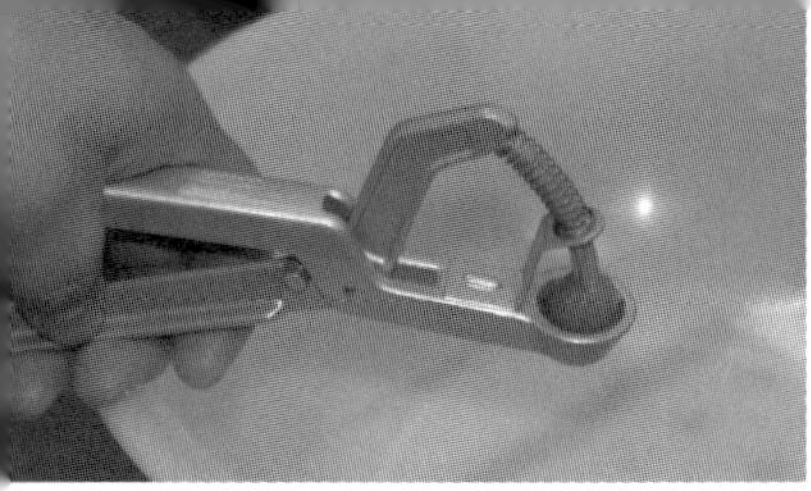

種抜き器で種を取り除く

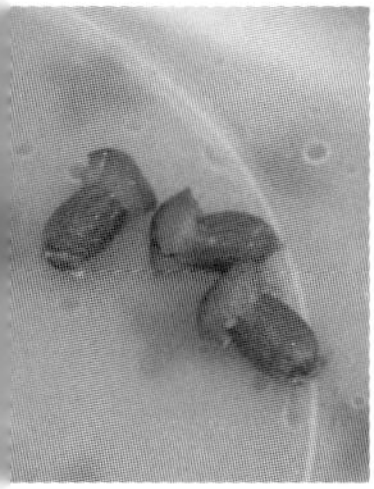

抜き出された種

種抜き後の果実

オリーブの新漬けと塩漬けをスライス

料理に応じて下ごしらえ

オリーブ漬けは種を抜いたあと、料理に応じて手際よく下ごしらえをします。

オリーブ漬けをスライス状に薄く切り、パスタやポテトサラダに生かしたり、ピザのトッピングとしてのせたりします。また、細かく切り刻んだり、フードプロセッサーやマッシャーですりつぶしたりして、思い思いの料理に生かします。

オリーブの塩漬けをフードプロセッサーでパテ状にすりつぶす

オリーブ漬けの食べ方

オリーブ漬けを生かした料理はかぎりなくありますが、ここでは代表的な食べ方として、ピンチョス、マリネ、ブルスケッタ、パスタの４点を紹介します。

オリーブ・ピンチョス

オリーブ・ピンチョス

スペイン料理やイタリア料理の普及とともに日本でもブレイクしているのがピンチョス。スペインバル（居酒屋）などで出されるつまみの類です。

串（ピンチョ）に刺せるものはすべてピンチョスになるといわれていますが、オリーブ漬けは昔も今もピンチョスの格好の素材です。

材料

グリーンオリーブ漬けとブラックオリーブ漬け、チーズ

つくり方

❶チーズをオリーブ漬けと同じ、もしくはやや小さめに角切りにする

❷グリーンオリーブ漬け、チーズ、ブラックオリーブ漬けの順（その逆でもよい）に串に刺す

メモ

種抜きオリーブ漬けをほかのつまみ類とともに小皿に盛りつけ、それぞれにつま楊枝を刺すだけでもピンチョスになります。やきとりのように串刺しにすると野趣があり、意外にインパクトのある一品になるから不思議です。

オリーブ・マリネ

オリーブ・マリネは、漬け物代わりの小品として食卓を彩ります。もちろん、つまみとしても大いに役だち、冷製オードブルになります。

材料

オリーブ漬け、オリーブオイル、ビネガー、ニンニク、パセリ、ハー

ブ（ローリエなど）、オレンジの皮

つくり方

❶パセリをみじん切りに、オレンジの皮を細切りにする

❷ニンニクをすりつぶす

❸ボウルにオリーブ漬けとローリエを入れ、①と②を加え、オリーブオイルとビネガーを入れてあえる

オリーブ・マリネ

切り刻んだオリーブを生かしたブルスケッタ

オリーブパテを塗るだけのブルスケッタ

オリーブ・ブルスケッタ

ブルスケッタは、イタリア料理の軽食のひとつ。つまみや前菜として用いられ、欧米各地で普及しています。近年、日本でもワイン消費量の伸びとともに定着しつつあります。

材料

パン（田舎パン、もしくはフランスパンなど）、グリーンオリーブ漬け、オリーブオイル、クリームチーズ、ニンニク、黒コショウ

つくり方

❶パンを1・5㎝厚さの食べやすい大きさに切り、パンの両面を軽く焼く

❷オリーブ漬けを細かく切り刻む

❸ニンニクを半分に切り、切り口をパンが熱いうちにこすりつけ、オリーブオイルをかける

❹パンにクリームチーズと②をのせ、黒コショウをかける

メモ

ワインとの相性抜群な絶妙の一皿になります。お好みでパンの上の刻みオリーブにカットトマトやバジルを添えたり、オイルサーディンを加えたりしてもよいでしょう。

なお、オリーブ漬けやタマネギ、アンチョビなどをフードプロセッサーにかけてパテをつくり、パンに塗りつけるだけでも実力派のブルスケッタになります。

オリーブ・パスタ

オリーブ・パスタ

パスタはイタリア語でペースト状の練り物、生地《きじ》の意。マカロニ、スパゲティ、ヌードル、ニョッキなどの多くの種類があります。

ここではオリーブ漬けを、もっともオーソドックスなスパゲティに生かしてみます。

材料

スパゲティ…160g、オリーブ漬け…16~20粒、中玉トマト…4分の1個、ニンニク…1かけ、トウガラシ…2本、オリーブオイル…大さじ4、イタリアンパセリと塩…各適量

つくり方

❶大きめの鍋にたっぷりの湯を沸かして塩を入れ、スパゲティをゆではじめる

❷オリーブ漬けをスライス、トマトを角切り、ニンニクをみじん切りにする

❸フライパンにオリーブオイルとニンニク、トウガラシを入れ、弱火で香りを移す

❹ゆで汁大さじ4とオリーブを加える

❺ゆであがったスパゲティを加え、トマト、イタリアンパセリを入れてまんべんなくからめる

❻皿に盛りつけ、オリーブオイルをまわしかける

メモ

オリーブ漬けは、みじん切りはもとより、スライス状、もしくはペースト状にしたものを使った場合でも、パスタの味がグンと引き立ちます。

自家製オリーブオイルの搾り方

一般の植物油は種子から油を搾りますが、オリーブオイルは果肉から油を搾るもので、まさに天然の100％ジュース。果実を多めに収穫できたら、ぜひとも一度は「マイオリーブ」搾り（**図17**）にチャレンジしたいものです。

搾油量はわずかとはいえ、たとえスプーン一杯でも正真正銘のエキストラバージンオイルを味わうことができます。

自家製のエキストラバージンオイル

材料と搾り方

材料と資材・用具

新鮮で指でつまんでつぶせる程度まで熟した果実（ルッカなど皮がやわらかく、オイル含有量が多い品種を選ぶ）…500g、1ℓ入りペットボトル…1本、キッチンペーパー、カッター、ジッパーつきポリ袋

搾り方

❶ペットボトルの中央部分を上下に切り分ける

❷上半分を漏斗装置にし、丸めたキッチンペーパーを隙間ができないように注ぎ口に入れ、先端を1～2cmほど出す。下半分を受け皿の容器

図17　搾油のポイント

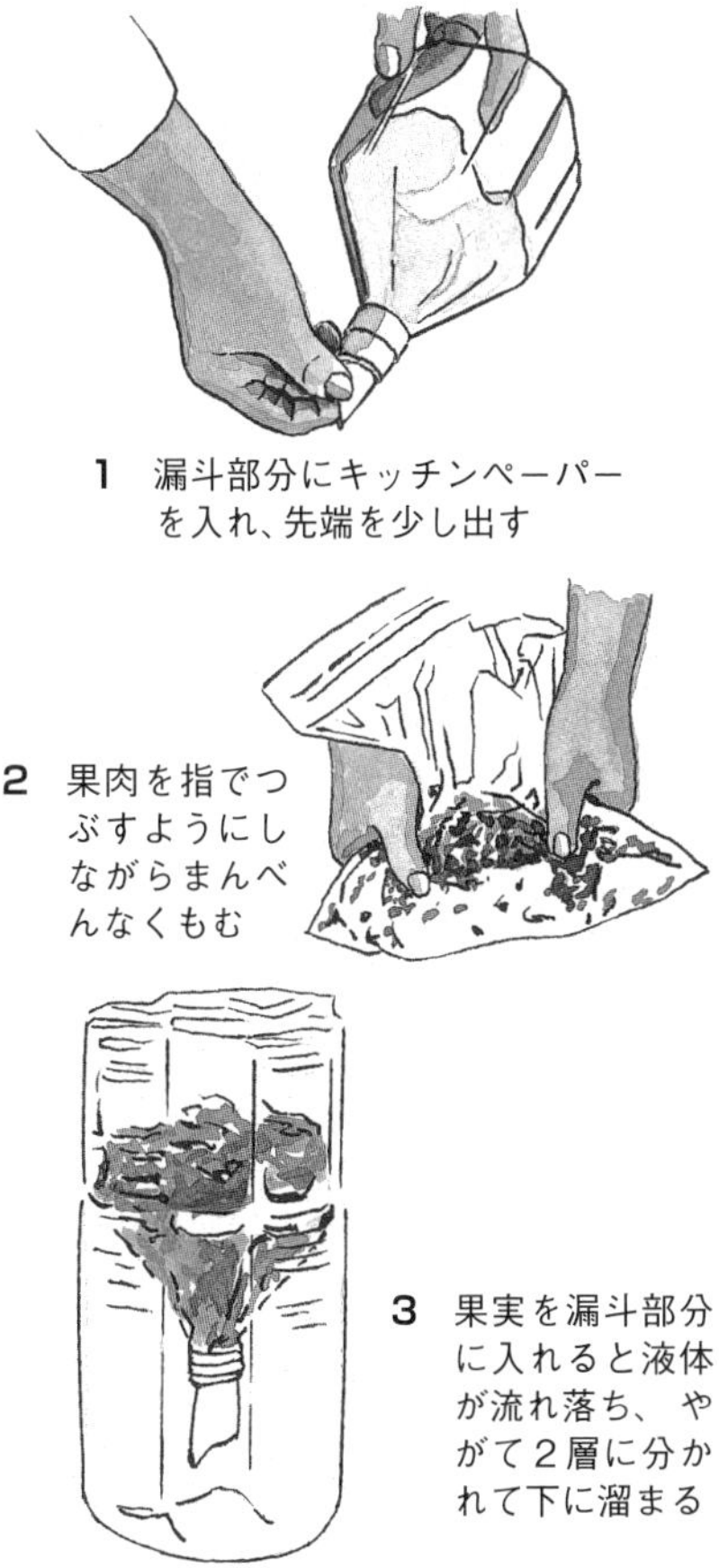

1　漏斗部分にキッチンペーパーを入れ、先端を少し出す

2　果肉を指でつぶすようにしながらまんべんなくもむ

3　果実を漏斗部分に入れると液体が流れ落ち、やがて2層に分かれて下に溜まる

とする
❸果実を軽く水洗いし、水を切ってからポリ袋に入れる
❹ポリ袋の空気を抜いてジッパーを閉じ、指で果肉をつぶすようにしながら袋をまんべんなく30～60分ほどもむ
❺果実を袋からペットボトルの漏斗部分に少しずつ入れる。数時間でオイルと果汁が混ざった状態の液体が流れ落ち、やがて2層（黄金色の上澄み部分がバージンオイル）に分かれて下に溜まる。上澄み部分をそっとオイルポットなどに流し取る

◆マイオリーブ搾りの手順

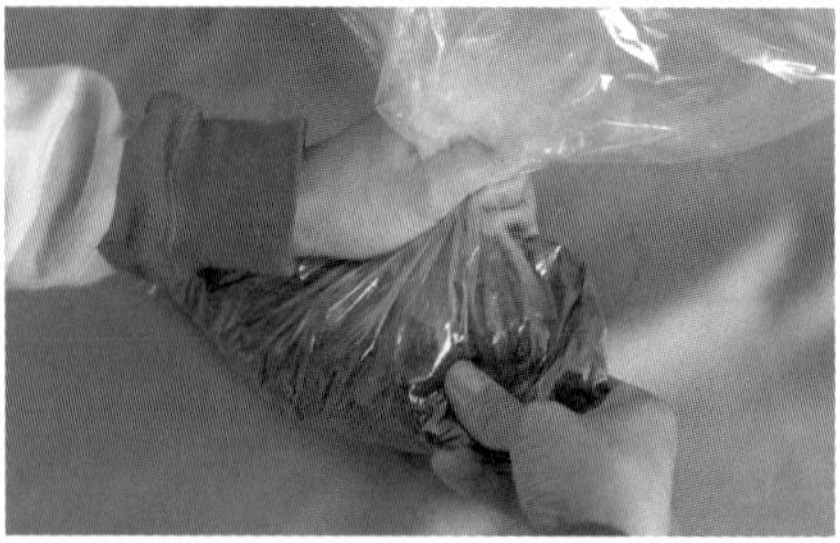
1　ポリ袋に入れた果実をまんべんなくもむ

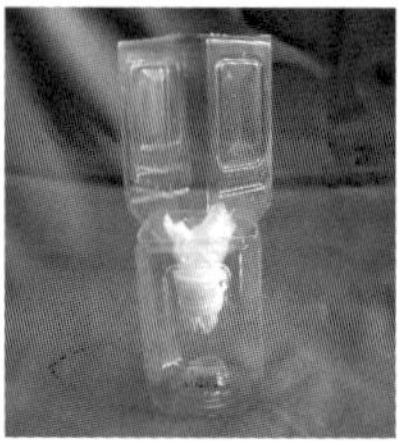
2　漏斗装置の注ぎ口にキッチンペーパーを丸めて入れる

3　果実を漏斗装置に入れると液体が流れ落ち、2層に分かれる

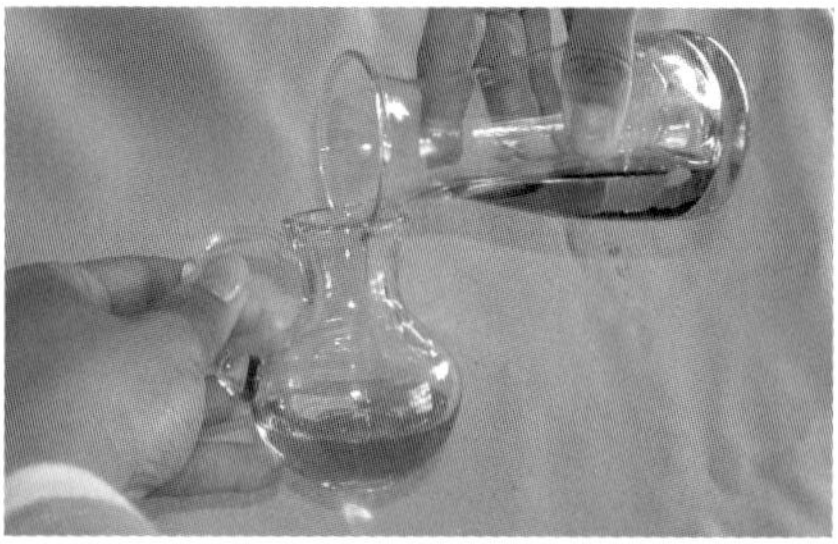
4　液体の上澄み部分をオイルポットに流し取る

搾油量の目安と留意点

搾油量の目安は、オリーブの品種や搾油条件（たとえば暖かい場所だと多く早く搾油できる）などによって違ってきますが、一般に果実500gあたり20～50㎖です。

果実の量が多いときは、フードプロセッサーやミキサーを使って果肉をつぶします。ただし、細かくつぶしすぎるとオイルと果肉がきれいに分離しないので、果肉のかたまりが残るように粗め（果肉を傷つける程度）につぶします。

また、果肉をつぶすときはゆっくりが基本。ハンドミキサーは早すぎるので使えません。

なお、漏斗装置として2ℓ入りペットボトルはもちろん、布袋やざるなども使用できます。

搾油したオイルをコーヒーフィルターや油漉し紙でもう一度濾過すると混ざり物の少ないオイル、より不純物の少ないオイルを取ることができます。

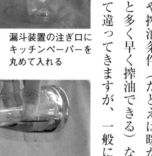

表8　バージン・オリーブオイルの定義、種類

<table>
<tr><th colspan="2">バージン・オリーブオイルの定義</th></tr>
<tr><td colspan="2">オリーブ樹の果実から機械的、または物理的手段のみにより、オイルを変性させない条件下(とくに温度条件)で得られたオイルであり、洗浄、デカンテーション、遠心分離、濾過以外の処理を経ていないものをさす</td></tr>
<tr><th colspan="2">そのままで食用に適する
バージン・オリーブオイル</th></tr>
<tr><td rowspan="3">種類</td><td>◆エキストラバージン・オリーブオイル
遊離酸度がオレイン酸(不飽和脂肪酸)換算で100g中0.8g以下で、その特性がIOC規格における当該カテゴリーに相当する特性と一致するもの。酸度の低さ、フルーティな風味をもつトップクラスのオリーブオイル</td></tr>
<tr><td>◆バージン・オリーブオイル
遊離酸度がオレイン酸換算で100g中2g以下で、その特性がIOCカテゴリーと一致するもの。十分な風味をもつオリーブオイル</td></tr>
<tr><td>◆オーディナリーバージン・オリーブオイル
遊離酸度がオレイン酸換算で100g中3.3g以下で、その特性がIOCカテゴリーと一致するもの。小売りがおこなわれる国で法的許可がある場合のみ販売され、許可がない場合は、その国の法律に準拠する</td></tr>
</table>

注：①そのままでは食用に適さないバージン・オリーブオイルとして精製オリーブオイルなどがある
②IOC（インターナショナル・オリーブ・カウンシル）日本プロモーションによるものを抜粋、改変（2016年5月現在）

本格的な搾油は遠心分離法が中心。まずは果実の夾雑物を除去し、破砕、攪拌、遠心分離などの工程を経て液相を分別

生産地の本格的な搾油

オリーブ産地の搾油所の場合、自家製オリーブのような搾り方では搾油がはかどらないため、当然ながら本格的な搾油をおこなっています。参考までに、生産地での搾油法とバージン・オリーブオイルの定義、種類（**表8**）を紹介します。

現在の搾油法はほとんどが遠心分離法、ごく一部では圧搾法でおこなわれています。

圧搾法は、数千年来おこなわれてきた伝統的な搾油法。石臼でつぶして練ってペースト状にした果実を圧搾架台に積み重ね、下から押し上げて果汁を搾出し、遠心分離で油のみを分別採取します。

一般的におこなわれている遠心分離法は、ペースト状にした果実を撹拌し、最初の遠心分離器で液相と固相に分離し、さらに液相を油と植物性水分に分別します。

オリーブ果実は、樹から離れた瞬間から品質劣化がはじまります。そのため、収穫から搾油までの時間は短ければ短いほどよいとされています。

オリーブオイルの生かし方・楽しみ方

自分で搾ったオリーブオイルは、格別の風味。エキストラバージン・オリーブオイルの味わいを楽しむためには、なによりも新鮮なうちに使い切ることが大切です。

カルパッチョ

カルパッチョは、生の魚介や牛肉をスライスして香辛料やソースをかけて食べる地中海料理です。

生魚を食べるのは日本人の得意とするところでもあり、今では親しみやすい料理となっています。

材料

マダイ（切り身）、パプリカ（イエロー、もしくはオレンジ色など）、ハーブ（セルフィーユ、もしくはバジル、イタリアンパセリなど）、オリーブオイル、塩、コショウ、ニンニク（パウダー）

つくり方

❶マダイを薄くスライスし、塩、コショウをふる

❷パプリカを食べやすい大きさに切り、ハーブを刻む

❸皿に①を並べ、②をちらし、塩、コショウ、ニンニクをふりかけ、仕上げにオリーブオイルをかける

メモ

マダイの代わりに新鮮なヒラメ、ホウボウ、イカ、生ダコを使ってもＯＫ。つくり方はいたってシンプルですが、皿に盛りつけると華やいだ一品になります。

フレッシュサラダ

和風のオリーブオイルドレッシングをつくり、新鮮な野菜にかけるだけ。サラダの味がグンと引き立ちます。

材料（2人前）

旬の野菜いろいろ、オリーブオイル…大さじ3、しょうゆ…大さじ2、レモン汁（もしくは食酢）…大さじ1・5、おろしショウガ…小さじ1、砂糖…ひとつまみ

つくり方

❶オリーブオイル、調味料などをすべて混ぜ合わせる

❷皿に食べやすい大きさに切った野菜を盛りつけ、手早く①を振りかける

メモ

ルッコラ、サラダホウレンソウ、ミズナ、ミニトマトなど好みの野菜を自在に使います。和風味なので豆腐にも合います。

オリーブオイルドレッシングをかけるだけのフレッシュサラダ

モーニングセット

一日の始まりは、ヘルシーなモーニングセットで。エキストラバージン・オリーブオイルをじかに味わう納得メニューです。

材料

パン（田舎パン、もしくはフランスパンなど）、中玉トマト、スナックエンドウ、バジル、チーズ2種、卵、エキストラバージン・オリーブオイル、塩、ブラックペッパー

つくり方

❶パンを食べやすい大きさに切り、両面を軽く焼く
❷卵を半熟にゆでて皮をむき、半分に切ってブラックペッパーをふる
❸チーズ、トマトを食べやすい大きさに切り、ゆでたスナックエンドウ、トマトに塩を少しふっておく
❹皿に①、②、③を盛りつけ、バジルとオリーブ漬けを添え、さらにオリーブオイルを入れた器を加える

ヘルシーなモーニングセット

メモ

材料をそれぞれエキストラバージン・オリーブオイルにつけて食べるだけの素食ですが、フルーティーで穏やかな香りがあり、しかもポリフェノール（抗酸化作用があり、動脈硬化予防などに効果がある）などを含むエキストラバージン・オリーブオイルをダイレクトに味わうことができる醍醐味があります。

オリーブオイルで健康増進

地中海型食生活とは、エキストラバージン・オリーブオイルとトマトを中心とする新鮮野菜、豊富な魚介類を組み合わせ、ふんだんにとり入れた食生活をいいます。

中心地のイタリアでは、トマトを黄金のリンゴ、エキストラバージン・オリーブオイルを黄金の液体、パスタを黄金の穂とし、黄金のトライアングルと呼称。エキストラバージン・オリーブオイルとほかの食材との相性のよさをあらわしています。

日本でもオリーブオイルをじょうずに食生活にとり入れ、世界に誇るユネスコの無形文化遺産「和食」と融合させながら、健康の維持、増進に役だてたいものです。

オリーブクラフトの楽しみ方

枝と葉を生かして楽しむ

オリーブの花言葉は「平和、希望、知恵」。また、枝は欧州では「平和、充実」の象徴。古代オリンピックでは、勝者にオリーブの枝と葉でつくった冠（コティノス）が与えられています。

リースの枝は「平和、充実」の象徴

オリーブ樹には果実を収穫する魅力がありますが、葉色は表と裏でコントラストの違いがあり、枝も硬くてしなやかなので、まるごと生かすことができます。

樹が休眠期に入る冬季などにリース（花輪、輪飾り）や冠、ブーケ（花束）などのクラフト、さらに枝と葉、果実などを飾りつけたアレンジメントをつくり、独特の鮮やかなグリーンを楽しみます。

リースなどのつくり方

オリーブを栽培していればこそ、自在に枝と葉を採取し、思い思いのクラフトをつくることができます。

枝を40～50㎝の長さに切り取り、21～30本を用意する

リースづくりの材料に剪定枝を生かしてもよい

代表例としてリースのつくり方（**図18**、道の駅小豆島オリーブ公園による）などを紹介します。

リース

❶オリーブの小枝を40～50㎝の長さで、21～30本（3束の倍数本）切り取る

❷①の小枝をボリュームが同じになるように3束に等分し、各束の切り口をそろえ、切り口から3

図18　リースのつくり方

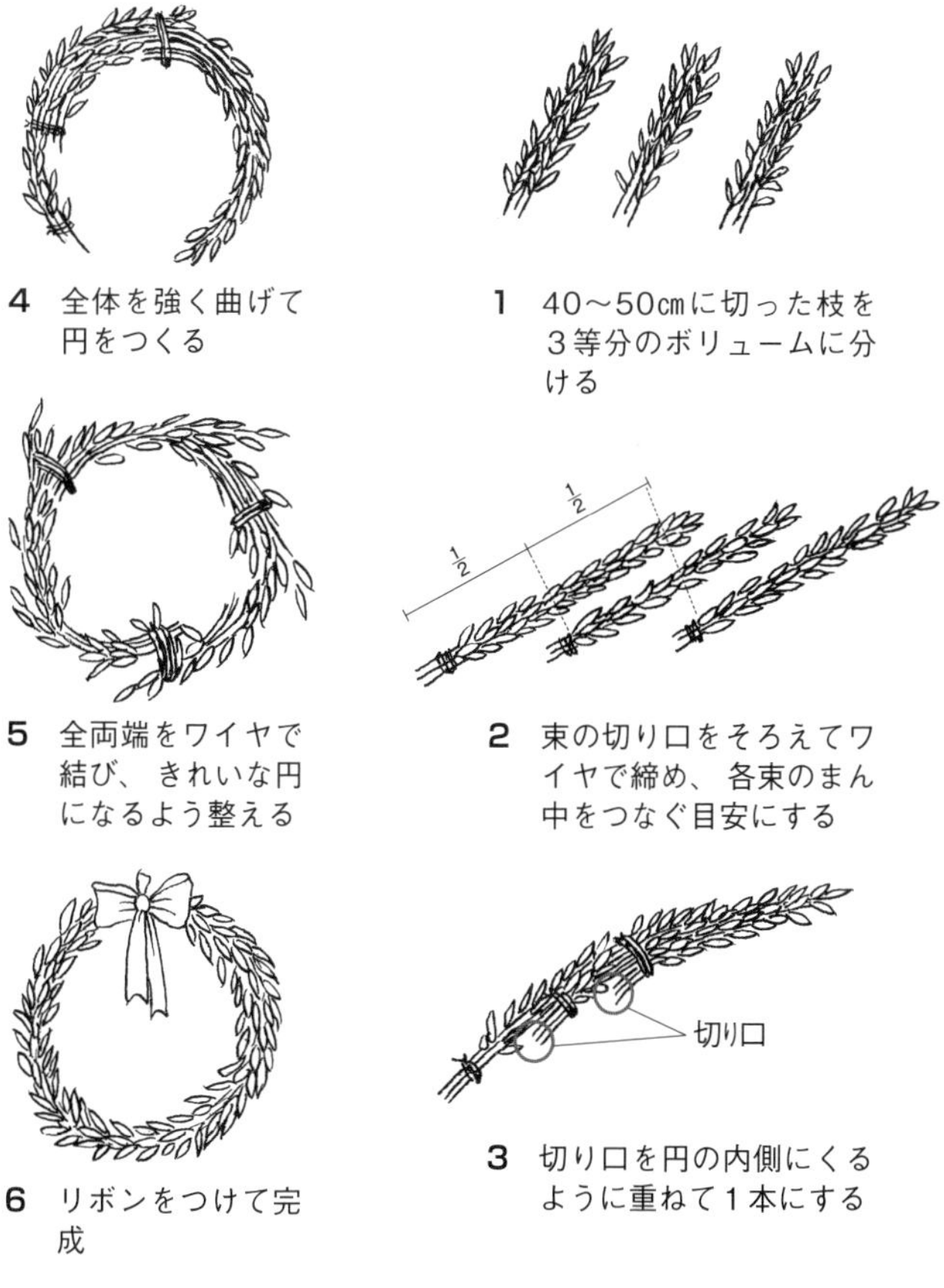

1　40～50㎝に切った枝を3等分のボリュームに分ける
2　束の切り口をそろえてワイヤで締め、各束のまん中をつなぐ目安にする
1/2
1/2
3　切り口を円の内側にくるように重ねて1本にする
切り口
4　全体を強く曲げて円をつくる
5　全両端をワイヤで結び、きれいな円になるよう整える
6　リボンをつけて完成

◆手づくりリースの作品例

小枝を多めにして束ねたリース。重厚感を打ち出している

赤いリボンを巻いただけで、クリスマスのイメージを喚起させる

枝葉は枯れているが、結んだリボンがアクセントになり、味わい深さを醸し出している

１本の長い枝を巻いてリボンで結んだリース。葉の濃淡のコントラストが引き立つ

cmほど上のところをワイヤできつく締める

❸各束の切り口が内側になるように重ねて2か所ほどワイヤで締め、3束を1本につなぐ

❹③を曲げて円にし、両端をワイヤできつく締めて結ぶ。きれいな円になるように整え、リボンをつけて完成

また、1本の長い枝を一重に巻いてシンプルなものにしたり、オリーブ果実や花材をあしらってカラフルにしたり、ミニリースをワインボトルにかけておしゃれに表現したりすることもできます。

冠

冠のつくり方の基本はリースと同じですが、内側にワイヤや枝の切り口が出ないように注意します。なお、側面の美しさを考え、外周にきれいな枝を配置します。

ブーケ

オリーブの枝を器に入れ、季節の花を添えるだけでナチュラルな雰囲気のブーケになります。さらに果実のついた枝を組み込むことで、実りや恵みをあらわすアレンジメントになります。

左右の枝を組み合わせてつなぎ、結んだリボンをあしらったブーケ。華やかさを演出する作品

クラフトいろいろ

リース、ブーケとも枝葉の風合いを打ち出したクラフトですが、オリーブの葉は乾燥しやすいので、長期にわたって飾れないことを考慮しておかなければなりません。

そこで剪定枝の小枝などを生かし、アケビの蔓による生活用品のような枝主体のクラフト品をつくることも可能です。

硬くて丈夫なオリーブのカッティングボード

オリーブ樹は硬くて丈夫な木質。スペインなどでは、伐採後のオリーブ樹を日用品や家具などに加工しています。近年、日本でもカッティングボード（まな板）、箸置き、サラダやオードブルを取り分けるサーバーセット、バターナイフ、印鑑などに生かしています。

オリーブ樹の木質を生かし、木工品をつくる動きが出はじめている

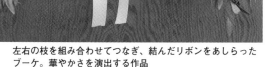

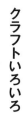

グリーンプラザ山長
〒630-0244　奈良県生駒市東松ヶ丘16-8
TEL 0743-75-3003　FAX 0743-75-2521
http//www.gp-yamacho.com

㈱大和農園通信販売部
〒632-0077　奈良県天理市平等坊町110
TEL 0743-62-1185　FAX 0743-62-4175

園芸屋 たなか
〒661-6962　兵庫県尼崎市額田町7-43
楽市額田店西隣
TEL 06-6499-0870　FAX 06-6499-0873
http://www.eonet.ne.jp/~tanakaengei/

Nature Riche
〒662-0075　兵庫県西宮市南越木岩町7-13
TEL&FAX 0798-73-6822
http://www.nature-riche.com/

陽春園植物場
〒665-0885　兵庫県宝塚市山本台1丁目6-33
TEL 0797-88-2112　FAX 0797-88-0397
http://www.yoshunen.co.jp/

SHOHOEN
〒676-0005　兵庫県高砂市荒井町御旅1丁目2-34
TEL&FAX 079-443-3330
http://www.shohoen.com/

中国・四国

グリーンショップ八木
〒701-0114　岡山県倉敷市松島290-2
TEL 086-462-3223　FAX 086-462-0895
http://greenshop-yagi.com/

BLOSSOM OHG 本店
〒702-8056　岡山市南区築港新町1-13-32
TEL 086-263-8616　FAX 086-264-9385
http://www.blossomohg.com/

㈱山陽農園
〒709-0831　岡山県赤磐市五日市215
TEL 086-955-3681　FAX 086-955-2240

我楽庭
〒732-0027　広島市東区中山上2-37-3
TEL 082-280-1351　FAX 082-280-2228
http://www.garakutei.co.jp/

花らんど
〒743-0063　山口県光市島田2-1-10
TEL 0833-72-7310　FAX 0833-72-1817
http://www.hanaland.co.jp/

GARDENS
〒761-8075　香川県高松市多肥下町1539-7
TEL 087-815-3883　FAX 087-815-3884
http://www.gardens.co.jp/

Kaorin
〒761-0450　香川県高松市三谷町2495-2
TEL 080-5666-0950　FAX 087-889-7016
http://www.kaorin.org/

I'm Garden
〒762-0016　香川県坂出市青海町692-3
TEL 0877-47-1161　FAX 0877-47-4183
http://im-garden.com/

㈲和泉明治園
〒790-0863　愛媛県松山市此花町8-15
TEL 089-921-0077
http://ohanaya.net/meijien/

九州・沖縄

平田ナーセリー　久留米本店
〒839-0822　福岡県久留米市善導寺町木塚288-1
TEL 0942-47-3402
http://www.hirata-ns.co.jp/

Andj
〒814-0104　福岡市城南区別府2-1-27
TEL&FAX 092-847-8484
http://www.andj.cleans.jp/

HANASHO
〒810-0022　福岡市中央区薬院2-16-1-1F
TEL 092-714-2188　FAX 092-714-7258
http://hanasho1985.jp/

Ru-ga
〒901-0152　沖縄県那覇市字小禄785（1F）
TEL 098-857-8715　FAX 098-996-2289
※事前連絡必須
http://www.ru-ga.com

＊このほかにも観賞用オリーブの鉢植えや苗木を取り扱うオリーブ園、園芸店、デパート、ホームセンターの園芸コーナーなどがあります。リストは2016年６月現在。

the Farm UNIVERSAL CHIBA
〒263-0001　千葉市稲毛区長沼原町731-17
　　　　　　フレスポ稲毛センターコート内
TEL 043-497-4187　FAX 043-497-4193
http://the-farm.jp/chiba/

甲信越・北陸

芳樹園
〒950-8741　新潟市中央区愛宕3丁目1番地1
TEL 025-284-7876　FAX 025-283-6874
http://www.hojuen.co.jp/

東海

㈱江間種苗園
〒434-0003　静岡県浜松市浜北区新原6591
TEL 053-586-2148　FAX 053-586-2146

garage
〒441-8151　愛知県豊橋市曙町南松原17
TEL 0532-38-8609
http://www.garage-garden.com/

サンリョー園芸センター 港店
〒455-0057　愛知県名古屋市港区築盛町1番地
TEL 052-661-2777　FAX 052-661-2858
http://www.sanryo-g.com/

PEU CONNU
〒460-0011　愛知県名古屋市中区大須2-26-19
TEL&FAX 052-222-8744
http://www.peu-connu.net/

tooka
〒460-0011　愛知県名古屋市中区大須3丁目1-44
TEL 052-253-6187　FAX 052-253-6197
http://tooka.jp/

juillet
〒486-0905　愛知県春日井市稲口町2丁目3-7
TEL&FAX 0568-35-7835
http://www.flower-juillet.com/

BHM'S
〒502-0054　岐阜市長良井田50-1（長良公園北）
TEL 0120-862-522　FAX 058-296-3133
http://www.bhm-s.com/

quatrieme
〒507-0038　岐阜県多治見市白山町4-1-1
　　　　　　ミニマムスクエアビル1F
TEL&FAX 0572-24-5549
http://www.quatrieme.net/

関西

タキイ種苗㈱通販係
〒600-8686　京都市下京区梅小路通猪熊東入
TEL 075-365-0140　FAX 075-344-6705

NOTICE
〒540-0021　大阪市中央区大手通1-3-7-101
TEL 06-6949-4187　FAX 06-6949-4180
http://www.notice-f.com

BIOTOP NURSERIES OSAKA
〒550-0015　大阪市西区南堀江1-16-1
　　　　　　メブロ16番館1/2/4F
TEL 06-6531-8223
http://www.biotop.jp/osaka/#sec2/

the Farm UNIVERSAL
〒568-0095　大阪府茨木市佐保193-2
TEL 072-649-5339
http://the-farm.jp/

よつ葉や
〒560-0055　大阪府豊中市柴原町1-2-2
TEL 06-6845-8701
http://yotsubaya-shop.seesaa.net/

草楽園 北千里店
〒565-0874　大阪府吹田市古江台4-2-25
　　　　　　ディオス北千里5番館1F
TEL06-6872-8637　FAX 06-6872-9703
http://www.sourakuen.co.jp/

㈱国華園
〒594-1192　大阪府和泉市善正町10
TEL 0725-92-2737　FAX 0725-92-1011

フラワーショップ　ロベリア
〒590-0152　大阪府堺市和田42番地
TEL 072-293-8985　FAX 072-293-0125
http://www.higuchi-zouen.com/lobelia.html

金久
〒598-0021　大阪府泉佐野市日根野2545
TEL 072-467-2413　FAX 072-467-2403
http://www.kanekyu.net

◆オリーブ苗木の入手・取扱先案内（所在地、連絡先など）

北海道・東北

ザ・ガーデン　中山店
〒989-3207　宮城県仙台市青葉区中山台西1-1
TEL 022-277-8711　FAX 022-277-8771
http://www.yoneyama-pt.co.jp/

関東

ガーデンカンパニー
〒373-0816　群馬県太田市矢島町202
TEL 0276-49-2611　FAX 0276-46-1115
http://www.gardencompany.jp

フラワーガーデン泉
〒379-2116　群馬県前橋市今井町165-4
TEL 027-268-5587　FAX 027-268-5599
http://www.fg-izumi.com/

茨城農園
〒315-0077　茨城県かすみがうら市高倉1702
TEL 0299-24-3939　FAX 0299-23-8395

日本花卉ガーデンセンター
〒333-0823　埼玉県川口市石神184
TEL 048-296-2321　FAX 048-295-9820

㈱改良園通信販売部
〒333-0832　埼玉県川口市神戸123
TEL 048-296-1174　FAX 048-297-5515

FLOWER MARKET 花市場　代々木上原店
〒156-0066　東京都渋谷区西原3-2-6
TEL 03-3466-5444　FAX 03-3466-5446
http://hana-ichiba.net/

FLOWER MARKET　花市場　青山店
〒107-0062　東京都港区南青山3-13-23
パティオビル1F
TEL 03-3478-8787　FAX 03-3478-8780
http://hana-ichiba.net/

PROTOLEAF
〒158-0095　東京都世田谷区瀬田2-32-14
ガーデンアイランド2F
TEL 03-5716-8787　FAX 03-5716-8788
http://www.protoleaf.co.jp/

FUGA
〒150-0001　東京都渋谷区神宮前3-7-5
TEL 03-5410-3707　FAX 03-5410-3706
http://www.fuga-tokyo.com

BIOTOP NURSERIES TOKYO
〒108-0071　東京都港区白金台4-6-44
アダム エ ロペ ビオトープ1F
TEL 03-3444-2894
http://www.biotop.jp/tokyo/#sec2

buzz
〒150-0013　東京都渋谷区恵比寿3-41-9
恵比寿台ハイツ1F
TEL 03-3444-7901　FAX 03-3444-7902
http://www.buzz-style.com/

オザキフラワーパーク
〒177-0045　東京都練馬区石神井台4-6-32
TEL 03-3929-0544　FAX 03-3594-2874
http://www.ozaki-flowerpark.co.jp/

和光園
〒165-0032　東京都中野区鷺ノ宮6-28-23
TEL 03-3999-1568　FAX 03-3970-9008
http://www.wako-en.com

SOLSO FARM
〒216-0001　神奈川県川崎市宮前区野川3414
TEL 044-740-3770
http://solsofarm.com/

㈱サカタのタネ通信販売部
〒224-0041　神奈川県横浜市都筑区仲町台2-7-1
TEL 045-945-8824　FAX 0120-39-8716

ヨネヤマプランテイション　本店
〒223-0057　神奈川県横浜市港北区新羽町2582
TEL 045-541-4187　FAX 045-541-5711
http://www.yoneyama-pt.co.jp/

グリーンファーム　金沢本店
〒236-0042　神奈川県横浜市金沢区釜利谷東
4-49-7
TEL 045-782-0187
http://green-farm.co.jp/

◆インフォメーション（本書内容関連）

㈲創樹　〒769-0101　香川県高松市国分町新居1964-5
TEL 087-813-8387　FAX 087-813-5387

㈱オリーブ園　〒761-4434　香川県小豆郡小豆島町西村甲2171
TEL 0879-82-4260　FAX 0879-82-0501

道の駅 小豆島オリーブ公園　〒761-4434　香川県小豆郡小豆島町西村甲1941-1
TEL 0879-82-2200　FAX 0879-82-2215

東洋オリーブ㈱　〒761-4398　香川県小豆郡小豆島町池田984-5
TEL 0879-75-0260　FAX 0879-75-2283

柴田商店　〒761-4301　香川県小豆郡小豆島町池田2176
TEL 0879-75-0631　FAX 0879-75-0641

小豆島ヘルシーランド㈱　〒761-4113　香川県小豆郡土庄町甲2721-1
TEL 0879-62-7111　FAX 0879-62-6114

オリーブナビ小豆島　〒761-4434　香川県小豆郡小豆島町西村甲1896-1
TEL 0879-82-7018　FAX 0879-82-7017

小豆島オリーブ振興協議会　〒761-4301　香川県小豆郡小豆島町池田2519-2
小豆農業改良普及センター内　TEL 0879-75-0145

香川県県産品振興課　〒760-8570　香川県高松市番町4-1-10
TEL 087-832-3375　FAX 087-806-0237

いわきオリーブプロジェクト　〒970-8026　福島県いわき市平字一町目25

オリーブのはばたきの会　〒164-0013　東京都中野区弥生町4-34-8
東京インテックスビル2F ㈱エフ・スタッフルーム内
TEL 03-5340-3968　FAX 03-5340-3969

〈香川県オリーブ案内〉

URL　http://www.kensanpin.org/olive

〈主な参考文献〉

『小豆島オリーブ検定公式テキスト』香川県小豆島町著（香川県小豆島町）
『オリーブの絵本』高木眞人編、やまもとちかひと絵（農文協）
『オリーブandベリーファンブック』小暮剛、関塚直子監修（草土出版）
『KAGAWA OLIVE』（香川県政策部県産品振興課）
Ferreira, J.(1979). Explotacions olivareras colaboradoras, n.5. Ministerio de Agricultura, Madrid.

探し出すと「幸せを呼ぶ」というハート形の葉。
ネバディロ・ブランコなどで見つけやすい

●

デザイン――寺田有恒（イラストレーションも）
ビレッジ・ハウス
撮影――蜂谷秀人　酒井茂之　ほか
写真・取材協力――道の駅 小豆島オリーブ公園（佐伯真吾）
創樹（間嶋誠司、岡田和己、福田優希）
東洋オリーブ（柴田 隆）　柴田商店　古川安久
オリーブ園（目島克利）　JA 香川県
香川県県産品振興課　オリーブナビ小豆島　小豆島町役場
小豆島オリーブ振興協議会　小豆島ヘルシーランド
いわきオリーブプロジェクト　オリーブのはばたきの会
ほか
執筆協力――村田 央
校正――吉田 仁

編者

●柴田 英明（しばた ひであき）

現在、香川県農業試験場小豆オリーブ研究所主席研究員。香川県オリーブオイル官能評価パネルリーダー。

1965年、香川県小豆島生まれ。香川大学農学部卒業。1993年に香川県農業試験場小豆分場に異動後、オリーブ担当となる。専門はオリーブの品種と栽培、およびオイルの官能評価。1999年オーストラリア等から国内未導入品種を輸入、栽培試験を開始。2003年小豆島でカタドール制度導入を企画運営し、オリーブオイルの官能評価を推進。OLIVE JAPAN国際オリーブオイル品評会審査員を務めるとともにインターナショナル・オリーブ・カウンシル（IOC）のオイル基準の国内普及に協力。香川県オリーブオイル官能評価チームの育成運営をおこなったりして、オリーブ産業の発展に取り組む。

共著に『Following Olive Footprints』（ISHS,IOC 2012）がある。

〈育《そだ》てて楽《たの》しむ〉オリーブ　栽培《さいばい》・利用加工《りようかこう》

2016年 7 月20日　第 1 刷発行
2021年12月 1 日　第 3 刷発行

編　　者――柴田英明《しばたひであき》

発 行 者――相場博也

発 行 所――株式会社 創森社

〒162-0805 東京都新宿区矢来町96-4

TEL 03-5228-2270　FAX 03-5228-2410

http://www.soshinsha-pub.com

振替00160-7-770406

組　　版――有限会社 天龍社

印刷製本――中央精版印刷株式会社

ISBN978-4-88340-308-0 C0061